新能源丛书

XIN NENG YUAN

CONG SHU

不甘落后的煤炭能

楼仁兴 李方正◎编著

吉林出版集团股份有限公司

图书在版编目（CIP）数据

不甘落后的煤炭能 ／ 楼仁兴，李方正编著. —— 长春：
吉林出版集团股份有限公司，2013.6
（新能源）
ISBN 978-7-5534-1963-3

Ⅰ．①不… Ⅱ．①楼… ②李… Ⅲ．①煤炭资源－普
及读物 Ⅳ．①TD849-49

中国版本图书馆CIP数据核字(2013)第123508号

不甘落后的煤炭能

编　著	楼仁兴　李方正	
策　划	刘　野	
责任编辑	祖　航　李　娇	
封面设计	孙浩瀚	
开　本	710mm×1000mm　　1/16	
字　数	105千字	
印　张	8	
版　次	2013年8月第1版	
印　次	2018年5月第4次印刷	

出　版	吉林出版集团股份有限公司
发　行	吉林出版集团股份有限公司
地　址	长春市人民大街4646号
	邮编：130021
电　话	总编办：0431-88029858
	发行科：0431-88029836
邮　箱	SXWH00110@163.com
印　刷	湖北金海印务有限公司

书　号	ISBN 978-7-5534-1963-3
定　价	25.80元

前　言

　　能源是国民经济和社会发展的重要物质基础，对经济持续快速健康发展和人民生活的改善起着十分重要的促进与保障作用。随着人类生产生活大量消耗能源，人类的生存面临着严峻的挑战：全球人口数量的增加和人类生活质量的不断提高；能源需求的大幅增加与化石能源的日益减少；能源的开发应用与生态环境的保护等。现今在化石能源出现危机、逐渐枯竭的时候，人们便把目光聚集到那些分散的、可再生的新能源上，此外还包括一些非常规能源和常规化石能源的深度开发。这套《新能源丛书》是在李方正教授主编的《新能源》的基础上，通过收集、总结国内外新能源开发的新技术及常规化石能源的深度开发技术等资料编著而成。

　　本套书以翔实的材料，全面展示了新能源的种类和特点。本套书共分为十一册，分别介绍了永世长存的太阳能、青春焕发的风能、多彩风姿的海洋能、无处不有的生物质能、热情奔放的地热能、一枝独秀的核能、不可或缺的电能和能源家族中的新秀——氢和锂能。同时，也介绍了传统的化石能源的新近概况，特别是埋藏量巨大的煤炭的地位和用煤的新技术，以及多功能的石油、天然气和油页岩的新用途和开发问题。全书通俗易懂，文字活泼，是一本普及性大众科普读物。

　　《新能源丛书》的出版，对普及新能源及可再生能源知识，构建资源节约型的和谐社会具有一定的指导意义。《新能源丛书》适合于政府部门能源领域的管理人员、技术人员以及普通读者阅读参考。

在本书的编写过程中，编者所在学院的领导给予了大力支持和帮助，吉林大学的聂辉、陶高强、张勇、李赫等人也为本书的编写工作付出了很多努力，在此致以衷心的感谢。

鉴于编者水平有限，成书时间仓促，书中错误和不妥之处在所难免，热切希望广大读者批评、指正，以便进一步修改和完善。

目录

CONTENTS

不甘落后的煤炭的能

01
煤炭能源简述

　　煤炭是一种应用历史悠久的常规能源，它在地下的蕴藏量十分丰富，据估计，按当前的消耗水平，还可用3000年以上。但煤炭能源对环境污染严重，因此，今后的研究任务，是燃烧煤炭的技术革新，更科学地烧煤，综合性地用煤。

　　煤是能源，燃烧时放出来的热量很高。1千克煤完全燃烧时释放出的热量，如果全部加以利用，可以使70千克冰冻的水烧到沸腾。在矿

🔍 **煤炭转运场**

物燃料中只有石油和天然气比得过它。煤的发热能力比木炭高0.5倍，比木柴高1~3倍。因此煤可以用来作燃料、做饭、取暖、发电（火力发电）等。

煤气是用煤在工厂里制造出来的。用煤气作燃料比直接烧煤具有更多的优点：便于储存运输，使用方便，容易控制，清洁卫生，而且热能的利用效率也高。

18世纪，蒸汽机的发明使热能转变成机械能，把手工业操作推进到大机器生产，从而促成了第一次工业革命。当时的蒸汽动力在工业上，特别是交通运输业中，占有很重要的地位。蒸汽动力就是把煤放入煤炉燃烧，把锅炉里的水烧成蒸汽，再推动蒸汽机做工。

（1）常规能源

常规能源也叫传统能源，是指已经大规模生产和广泛利用的能源。常规能源的储量是有限的，如煤炭、石油、天然气等都属非再生的常规能源。常规能源的大量消耗所带来的环境污染既损害人体健康，又影响动植物的生长、破坏经济资源、损坏建筑物及文物古迹，严重时可改变大气的性质。

（2）矿物燃料

矿物燃料就是能够燃烧的地下矿产资源。主要是由地质历史时期的某个时候，地球上极为丰富的动物或植物由于自然灾害或者其他原因大量死亡，并被埋在地下，堆积起来，经过长期的地质作用和化学作用而形成的。矿物燃料有三种形式：固态的可燃矿产、气态的可燃矿产和液态的可燃矿产。

（3）蒸汽机

蒸汽机是一个能够将蒸汽中的动能转换为功的热机。泵、火车头和轮船曾使用蒸汽机驱动，今天，人们还使用蒸汽涡轮发动机来发电。蒸汽机的出现曾引起了18世纪的工业革命，直到20世纪初，它仍然是世界上最重要的原动机，后来才逐渐让位于内燃机和汽轮机等。

02
煤炭能源的地位

○ 油页岩

当今世界能源的构成，可分为三大类：矿物燃料，又称为化石燃料，包括煤、石油、天然气、油页岩等；核能燃料，包括裂变、聚变、海水中重氢的转换所产生的能量；其他能源，包括太阳能、地热能、潮汐、植物能、回收能等。

在第一次世界大战前，煤曾居世界能源利用的首位。后来，由于石油和天然气开采量不断上升，煤炭在能源中的地位开始下降，随着20世纪60年代中东地区石油的大量开发，煤炭于1967年退居第二位。

但是，由于受到20世纪70年代初和1979年两次能源危机的影响，许多国家为减少对石油的依赖，再次引起对煤炭的注意，力求增加煤炭的开采利用。预计在今后相当长的一段时间内，煤炭作为主要的能源，地位还将进一步加强。

煤炭作为主要能源的原因之一，是它的储量相当丰富。据估计，地下埋藏的化石燃料约90%是煤，世界煤炭的总储量约为10.8万亿吨，也有人认为有16万亿~20万亿吨，甚至认为地质储量可达30万亿吨。按当前的消耗水平，可用3000年以上；其中在经济上合算并且用现有技术设备，即可开采的储量约6370亿吨，按目前世界煤年产量26亿吨计算，大约可以开采245年。

（1）油页岩

油页岩属于非常规油气资源，以资源丰富和开发利用的可行性而被列为21世纪非常重要的接替能源，它与石油、天然气、煤一样都是不可再生的化石能源，对油页岩近200年的开发利用，使人们在其资源状况、主要性质、开采技术以及应用研究方面都积累了不少经验。

（2）潮汐

潮汐现象是指海水在天体（主要是月球和太阳）引潮力作用下所产生的周期性运动，习惯上把海面垂直方向涨落称为潮汐，而海水在水平方向的流动称为潮流。潮汐是沿海地区的一种自然现象，古代称白天的河海涌水为"潮"，称晚上的这种现象为"汐"，合称为"潮汐"。

（3）第一次世界大战

第一次世界大战（简称一战）是一场主要发生在欧洲但波及全世界的世界大战，当时世界上大多数国家都卷入了这场战争，是欧洲历史上破坏性最强的战争之一。

03
世界能源储量及寿命

世界著名地质学家叶连俊教授的研究成果，以"地壳能源的形成及其远景"为题公布于世，这是世界地壳能源的最新资料（见表）：

世界地壳能源储量及消耗量概况表

能源名称	可采储量（亿吨标准煤）	消耗量占世界能源总消耗量的百分比
石油	316	45%
天然气	495	19%
煤	101 260	25%
铀	0.021 1	3%
水力	—	7%

🔎 抽油机

从表中不难看出，在石化燃料中煤的可采储量远远大于其他石化燃料，这是决定煤的能源地位的最主要因素；虽然当前石油能源已跃居世界首位，但储量比煤少。据统计，世界石油储量为5500亿~6700亿桶（1桶=158.987升），仅可供应25~40年用，所以从远景上看，石油是亚于煤的。煤在世界区域分布较广泛，不像石油那么集中，为世界广泛使用煤提供了方便。

（1）叶连俊

叶连俊（1913—2007），地质学家、沉积地质学家、沉积矿床学家。他先后提出了"外生矿床陆源汲取成矿论""沉积矿床成矿时代的地史意义""沉积矿床多因素多阶段成矿论"和"生物有机质成矿说"等理论新见解，他是我国沉积地质学和沉积矿床学的奠基人之一。

（2）地壳

地壳是地球固体地表构造的最外圈层，整个地壳平均厚度约17千米，其中大陆地壳较厚，平均约为33千米。高山、高原地区地壳较厚，最高可达70千米；平原、盆地地壳相对较薄。大洋地壳则远比大陆地壳薄，厚度只有几千米。

（3）可采储量

可采储量指在现有经济和技术条件下，可从矿藏（或油气藏）中采出的那一部分矿石量（或油气量）。

04
古生代成煤期

🔍露天煤矿

在地球的历史上，有三次大的成煤期，即古生代成煤期、中生代成煤期和新生代成煤期。

古生代（距今5.7亿—2亿年）是地球史上第一个成煤期。古生代包括寒武纪、奥陶纪、志留纪、泥盆纪、石炭纪和二叠纪。其中石炭纪和二叠纪为成煤期。这个时期地球上出现大量的植物群，形成茂密的森林，为植物第一次飞跃发展时期。

石炭纪是历史上最重要的成煤期，为海相、滨岸相、陆相沉积地层。陆生生物大发展，高大的石松类、木贼类等孢子植物覆盖了广阔的原野，出现高级植物，如鳞木、封印木、芦木、大羽羊齿等。

二叠纪的生物群发生了重大变革，植物在早二叠纪以蕨类为主，晚二叠纪出现了裸子植物的松柏类、苏铁类和银杏类。

总的看来，古生代以孢子植物为代表，称为孢子植物时代。孢子植物主要特征是以孢子繁殖。如石松植物，在石炭纪达到繁盛时期。这类植物在地球上分布很广，大多为高大的乔木，高40多米，直径可达2米，形成大片大片茂盛的森林，到二叠纪时急剧衰退、死亡，基本上灭绝。大量死亡的石松植物埋在地层中，久而久之，为煤的形成提供了大量的有机物质。第一个成煤时期就这样形成，如太原、淄博、枣庄等地的煤矿。

（1）泥盆纪

泥盆纪是晚古生代的第一个纪，从距今4亿年前开始，延续了4000万年之久。泥盆纪时许多地区升起，露出海面成为陆地。在泥盆纪里蕨类植物繁盛，昆虫和两栖类兴起。脊椎动物进入飞速发展时期，鱼形动物数量和种类增多，现代鱼类——硬骨鱼开始发展。泥盆纪常被称为"鱼类时代"。

（2）石炭纪

石炭纪是古生代的第五个纪，距今3.55亿—2.95亿年，延续了6500万年。石炭纪时陆地面积不断增加，陆生生物空前发展。当时气候温暖、湿润，沼泽遍布。大陆上出现了大规模的森林，给煤的形成创造了有利条件。

（3）二叠纪

二叠纪是古生代的最后一个纪，也是重要的成煤期，开始于距今约2.95亿年前，共经历了4500万年。二叠纪的地壳运动比较活跃，世界范围内的许多地槽封闭并陆续地形成褶皱山系。陆地面积的进一步扩大，海洋范围的缩小，促进了生物界的重要演化，预示着生物发展史上一个新时期的到来。

05
中生代成煤期

中生代是地球史上的第二个成煤期，距今2亿—0.65亿年，包括三叠纪、侏罗纪和白垩纪。

中生代时期，陆地面积不断扩大，海水面积相对缩小。在中国中生代早期有"南海北陆"之称，以后逐渐过渡为陆相沉积。中生代的生物群向更高级阶段演化发展。植物中以裸子植物为主，后期出现了被子植物，主要植物是木贼类，草本和木本的松柏、银杏、乔样齿等。

中生代是裸子植物时代。裸子植物出现于泥盆纪末期，中生代极盛。裸子植物的主要特点是以种子繁殖。种子直接裸露在大孢子叶上，而不是包

初秋的银杏

藏在子房当中。

柯达植物最早见于泥盆纪，石炭纪和二叠纪开始繁盛。中生代达到极盛。这类植物为高大乔木，高可达到20~30米，直径可达1米以上。柯达树叶子很大，形状如竹叶，长可达1米多。柯达植物形成了大片高大茂密的森林。

柯达植物在三叠纪晚期开始衰退、灭亡，到中生代晚期灭绝。死亡之后的柯达植物，在地层形成过程中，被埋在地层中，为煤的形成提供了大量的有机质。

地球史上的第二个成煤期在侏罗纪，如北京白头沟、山西大同等煤矿。

（1）裸子植物

裸子植物是原始的种子植物，其发展历史悠久。最初的裸子植物出现在古生代，在中生代至新生代它们是遍布各大陆的主要植物。裸子植物是地球上最早用种子进行有性繁殖的，在此之前出现的藻类和蕨类则都是以孢子进行有性生殖的。裸子植物的优越性主要表现在用种子繁殖上。

（2）被子植物

被子植物也叫显花植物，它们拥有真正的花，这些美丽的花是它们繁殖后代的重要器官，也是它们区别于裸子植物及其他植物的显著特征。被子植物有1万多属，约30万种，占植物界的一半。它们形态各异，包括高大的乔木、矮小的灌木及一些草本植物。

（3）乔木

乔木是指树身高大的树木，由根部发生独立的主干，树干和树冠有明显区分。依其高度可分为伟乔（31米以上）、大乔（21~31米）、中乔（11~20米）、小乔（6~10米）四级。

06
新生代成煤期

地球史上的第三次成煤期，是距今0.65亿年到现在的新生代。新生代是地球史上的最后一个地质年代，也是地球史上最新的一个地质年代，包括古近纪、和新近纪。

新生代是被子植物时代。新生代植物得到了空前的大发展，植物不断地进化，从古生代的孢子植物，进化到中生代的裸子植物，由中生代的裸子植物，再进化到新生代的被子植物。

被子植物是高等植物，它的主要特点与裸子植物不同，其种子形成在子房当中，而不是裸露在大孢子叶之上。从发现的被子植物化石来看，被子植物的形状

 苔藓

与现代植物形状相似。被子植物的根、茎、叶、花、果俱全，而且是分开的，叶脉网状，叶子宽阔。

被子植物自中生代的晚期、白垩纪开始繁盛，到新生代达到极盛，也是现代植物界中占绝对优势的植物。

第三次成煤期，主要是新生代的新近纪。如辽宁省的抚顺煤矿、山东的赤县煤矿等。

地球上的植物死亡之后，这些有机物质同一些无机物在地层的形成、发育过程中，被埋在地层中。在缺氧、变温、高压条件下，经过复杂的物理、化学变化，经过长期的地质岁月，终于形成了黑色或褐色的矿产资源——煤矿。

（1）古近纪

古近纪，旧称老第三纪、早第三纪，是地质年代中新生代的第一个纪。始于6550万年前，结束于2380万年前。从早到晚依次分为古新世、始新世和渐新世三个世。

（2）新近纪

新近纪是指新生代的第二个纪，新近纪是地史上最新的一个纪，也是地史上发生过大规模冰川活动的少数几个纪之一，又是哺乳动物和被子植物高度发展的时代，人类的出现是这个时代最突出的事件。新近纪开始于距今2300万年前，一直延续了2140万年。

（3）孢子植物

孢子植物是指能产生孢子的植物总称，主要包括藻类植物、菌类植物、地衣植物、苔藓植物和蕨类植物五类。孢子植物一般喜欢在阴暗潮湿的地方生长。

07
煤炭三兄弟

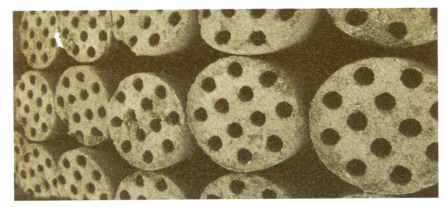

🔍 无烟煤

"煤炭三兄弟"是指褐煤、烟煤和无烟煤。由于它们性质不同，所以使用新技术也有差别。

煤炭三兄弟的密度是不一样的：褐煤最轻，1立方米褐煤的重量是1.1~1.4吨。我们知道水的密度是1，所以褐煤比水重不了多少；烟煤其次，密度1.2~1.5；无烟煤最重，密度可达1.4~1.8，比同体积的水重50%多。

三种煤的软硬程度不一样。褐煤是最软的，可能用手一捏就会碎成粉末；烟煤的硬度比褐煤大得多；最硬的是无烟煤，有的无烟煤同石头硬度差不多。

虽说煤都像黑石头，但是，真正像石头那样致密的只有无烟煤。褐煤身上往往有不少裂缝，显得很疏松。烟煤既不像褐煤那么疏松，也没有无烟煤那么结实。

几种煤的颜色也不一样。褐煤多数是褐色的，它的名称也由此而来，不过也有一些褐煤是黑褐色甚至是黑色的，有些褐煤还带有淡黄的颜色；烟煤大多数呈黑色、暗黑色或亮黑色；无烟煤一般呈钢灰色。

为了更好地认识这三种煤，还可以将煤在白瓷板（条痕板）上划，以颜色来区分三种煤。褐煤的条痕为褐色，烟煤的条痕为黑色或者深褐色，无烟煤的条痕为深黑色。

（1）褐煤

褐煤，又名柴煤，是煤化程度最低的矿产煤，一种介于泥炭与沥青煤之间的棕黑色、无光泽的低级煤。其化学反应性强，在空气中容易风化，不易储存和远运。

（2）烟煤

烟煤含碳量为75%~90%，大多数具有黏结性，发热量较高。其燃烧时火焰长而多烟，多数能结焦，密度1.2~1.5，挥发物10%~40%，相对密度1.25~1.35，热值为27 170~37 200千焦/千克（6500~8900千卡/千克）。其外观呈灰黑色至黑色，粉末从棕色到黑色。

（3）无烟煤

无烟煤，俗称白煤或红煤，是煤化程度最高的煤。无烟煤固定碳含量高，挥发分产率低，密度大，硬度大，燃点高，燃烧时不冒烟。黑色坚硬，有金属光泽。以脂摩擦不致染污，断口呈介壳状，燃烧时火焰短而少烟，不结焦。

08
煤炭三兄弟的区别

　　煤炭三兄弟的光亮程度不一样。一般来说，褐煤的光泽比较暗淡，少数具有沥青状光泽。烟煤的光泽变化范围较大，从光亮、半亮、半暗到暗淡的都有，不过暗淡的是少数。无烟煤反射光线的能力最强，一般具有明亮的金属或半金属光泽，而且比较匀称。

　　最主要的是煤炭三兄弟的发热量不一样。褐煤的发热量最小，一般只有9.63×10^6~1.69×10^7焦，烟煤的发热量为2.18×10^7~2.93×10^7焦，无烟煤发热量最大，可达2.55×10^7~3.14×10^7焦，甚至更多。

 煤炭含金属光泽

发热本领不同的煤，在燃烧时也有区别。褐煤燃烧时很容易着火，燃烧时冒出浓重的黑烟，但火力不强；烟煤燃烧时火很旺，冒浓烟，火苗呈黄红色，所以也有人称它为"红火煤"；无烟煤最不容易点燃，燃烧时不冒烟或者冒烟很少，无烟煤的名称由此而来。又因为无烟煤的火苗呈蓝色，所以具有"蓝火煤"之称。

三种煤炭其他用途各不相同。褐煤虽作燃料火力不强，但它是化工原料，用来制造煤气、生产有机原料，含油率高的褐煤可炼制液体燃料等；无烟煤则是民用和工业用最好的燃料，因为无烟煤的发热量最大。

（1）发热量

发热量指1千克（每立方米）某种固体（气体）燃料完全燃烧放出的热量，属于物质的特性，符号是q，单位是焦/千克，符号是J/kg。热值反映了燃料燃烧特性，即不同燃料在燃烧过程中化学能转化为内能的本领大小。

（2）金属光泽

金属光泽是指如同金属抛光后的表面所反射的光泽，如同平滑光洁的金属表面所呈现的光泽，反光极强。金属光泽是矿物光泽的一种，同非金属光泽、半金属光泽并列。

（3）含油率

含油率为化学纤维表面吸附的油剂重量对纤维干重的百分率。含油率用有机溶剂萃取或洗涤减量法测定，亦可用折射计或分光光度计测定萃取液或洗涤液的折射率来计算纤维的含油率。

09
煤的工业分类

　　通常根据煤的变质程度的不同，从低级变质到高级变质，依次将煤分为泥煤（泥炭）、褐煤、烟煤和无烟煤四类。这四类煤的含碳量、发热量是逐渐升高的，而氢、氧、水分、灰分和可燃体挥发分含量呈逐渐减少的趋势。其他成分和物理性质也随煤的种类不同而有所变化。但是这种分类，对于工业上的要求显得过于粗略。各种工业用煤都有特定的要求，为了更合理地利用煤炭资源，有必要对煤进行工业分类。

🔍 煤矿

　　煤的工业分类仍反映了煤变质程度的不同，除褐煤和无烟煤外，把烟煤又划分了低变质的烟煤（包括肥煤和焦煤）和高级变质的烟煤（包括瘦煤和贫煤）。此外，还有介于低变质到中变质之间的烟煤，称为弱黏煤。煤的黏结性和挥发分是随着煤的变质程度而变化的，并且有明显的规律性。因为煤的挥发分和黏结性是评价煤质、确定煤的工业用途的重要指标之一，所以用可燃基挥发分和反映黏结性的胶质层最大厚度作为煤工业分类的指标。

　　以上各种煤种分别可作为动力燃料、化工原料、气化或炼油原料、炼焦配合煤和炼焦煤等不同的用途。

（1）泥煤

　　泥煤又称草炭或泥炭。它在自然状态下含有大量水分，其固相物质主要是由未完全分解的植物残体和完全腐殖化的腐殖质以及矿物质组成的，前两者有机物质，一般占固相物质的半数以上。

（2）挥发分

　　挥发分指岩浆中所含的水、二氧化碳、氟、氯、硼、硫等易于挥发的组分。岩浆中含挥发分多少，对于岩浆结晶作用及成矿作用有很大的影响。例如侵入岩，由于挥发分不易散失，它在岩浆中既可减小岩浆的黏度，又可促使结晶作用进行，因此其中的矿物晶形比较完整，结晶程度较高。

（3）瘦煤

　　瘦煤是烟煤的一类。该种煤挥发物较少，黏结性弱，能单独结焦，属炼焦煤。生成的焦炭熔融性差，不耐磨，易于破碎，但块度大。在炼焦配合煤中，瘦煤可以起到骨架和缓和收缩应力，从而增大焦炭块度的作用，是配合煤中的重要组分。其可提高焦炭的块度，减少焦炭的裂纹。

10
煤的古代称谓

中国是有着五千年文明历史的古国，也是世界上最早发现煤、使用煤和最早进行煤地质研究的国家。据考证，早在春秋战国时期，中国劳动人民就已发现和利用煤了，比世界其他国家早了500~600年。古文物和古文献证明，春秋时期中国已开始用煤烧制陶器；公元前2世纪已有小煤矿；唐朝时，煤已用于冶炼金属；宋朝时民间采煤用煤已相当普遍。

祖先们在发现和利用煤的同时，便开始了对煤的研究，最初表现为对煤的性质和状态的直接观察，并按他们的认识，给煤起了不同

🔎 露天煤矿

名字。如首先发现煤是黑色，就称煤为"石涅"，因"涅"指黑色，同时还称煤为"石墨"，因煤可做写字的墨，而且墨也有黑色之意。三国时期，"石涅"和"石墨"并称。当发现煤染手，并能用于化妆把眉毛染黑时，又称煤为"画眉石"。后来发现煤又可以像木炭那样燃烧，就把煤称为"石炭"。接着发现有些煤燃烧时有结焦现象，就称其为"焦石"。当看到含沥青质的煤发油脂光泽时，又把这种煤叫"黑石脂"。

就这样，他们发现一种特征，就给煤起一个名字，"石墨"和"石炭"两名称一直沿用到唐、宋、元、明朝，由于人们对煤的了解更加深入全面，才将以前用的名称逐渐废弃，而由"煤炭"代替。

（1）春秋战国时期

春秋战国时期（公元前770—公元前221）又称东周时期。该时期中原各国因社会经济条件不同，大国间争夺霸主的局面出现了，各国的兼并与争霸促成了各个地区的统一。因此，东周时期的社会大动荡，为全国性的统一准备了条件。

（2）唐朝

唐朝（618—907）是中国历史上国力最强盛的朝代之一，618年由李渊建立，定都长安（今西安），先后经历了"贞观之治""开元盛世"。唐朝时唐诗、科技、文化艺术极其繁盛，具有多元化的特点。

（3）宋朝

宋朝（960—1279）是中国历史上上承五代十国、下启元朝的时代，分为北宋和南宋。960年，后周大将赵匡胤黄袍加身，建立宋朝。1279年，崖山海战后，宋朝彻底灭亡。两宋时期民族融合和商品经济空前发展，对外交流频繁，文化艺术发展迅速，是中国历史上的黄金时期。

11

古书中记载的煤

🔍 焦煤

　　明代著名药物学家李时珍在《本草纲目》中写道："石炭即乌金石，上古以书字，谓之石墨，今俗呼名煤炭，煤墨音相近也。"而且他还专门论述了煤的医疗功能。北魏地理学家郦道元在《水经注》中描述当时新疆库车的煤时写道："屈茨（今新疆库车）北二百里有山，夜则火光，昼则旦烟，人取此山石炭，冶此山铁，恒交三十六国用。"

　　在对煤的性质和用途有了初步认识后，祖先们又开始了更深入的研究。如明代科学家宋应星在《天工开物》书中，按煤的粒度和用途把煤分为明煤、碎煤和末煤。关于煤的用途书中写道："炎高者曰饭煤用于饮煮，炎平者曰铁炭用于冶炼。"

　　古代人对煤的地质特征和找矿方法也进行了研究，如宋代科学家沈括通过对太行山地层考察，提出了海陆变迁观点，说："山上之有螺蚌壳者，乃昔日之海滨。"这在当时世界上是很先进的地质理论。中国古代著作《山海经》，据考是目前世界上最早记载有矿物学问题的书，书上写道："女床之山，其阳多赤铜，其阴多石涅。""又东一百五里，曰风雨之山，其上多白金，其下多石涅。"文中"石涅"即煤。所谓"女床之山"，即今四川通江、南江、巴中一带煤场地。

　　在宋应星的《天工开物》中，还记载有当时找煤的经验，如"凡取煤径之者，从土面能辨有无之色，然后据说，深至五丈许，方始得煤。"说明当时人们已能根据煤层露头风化后的土色追索寻找煤层。

（1）李时珍

　　李时珍（1518—1593），字东璧，时人谓之李东璧，中国古代伟大的医学家、药物学家。李时珍曾参考历代有关医药及其学术书籍800余种，结合自身经验和调查研究，历时27年编成《本草纲目》一书，是我国古代药物学的总结性巨著，在国内外均有很高的评价，已有几种文字的译本或节译本。

（2）《本草纲目》

　　《本草纲目》，药学著作，五十二卷，明朝李时珍撰。全书共190多万字，载有药物1892种，收集医方11 096个，是作者在继承和总结以前本草学成就的基础上，结合作者长期学习、采访所积累的大量药学知识，经过实践和钻研，历时数十年而编成的一部巨著。

（3）郦道元

　　郦道元（约470—527），字善长，范阳涿州（今河北涿州）人，北魏地理学家、散文家。他幼时曾随父亲到山东访求水道，考察河道沟渠，搜集有关的风土民情、历史故事、神话传说，撰《水经注》四十卷。郦道元可称为我国游记文学的开创者，对后世游记散文的发展影响颇大。

12
煤与琥珀

　　煤是古代的植物被埋藏在地层里，经过千百万年的物理、化学、生物等一系列地质作用转化而成的。而植物的分泌物——树脂，在同样的地质作用下则变成了琥珀。煤和琥珀是同时生成的，煤只是由植物的根、茎、叶经变质而成，而琥珀则是由植物分泌物树脂形成。

　　根据植物转化成煤的实验，大约要20米厚的植物遗体，才能生成1米厚的煤，而琥珀的形成就更难了。从地史时期植物的繁育情况以及世界上发现的煤层分布看，煤的最大年龄是3.5亿年（石炭纪），最小的年龄为200万年（新近纪）。

　　人们从褐煤中可直接观察到树枝、树干，甚至在褐煤中就可直接鉴别出植物的种属。由树木分泌的树脂，在现代的树干下也能观察到琥珀状的实物。例如，原始松树分泌的树脂球。树干上分泌形成的一颗颗珍珠状的树脂球，有的仍挂在树干上，有的坠落在树根部，呈金黄色、透明至半透明的琥珀状。有时昆虫来到树上，被分泌出来的树脂黏住而被包裹在其中。这些树脂球如果深埋地下，在一定的地质作用下，就会转化成珍贵的昆虫琥珀。

　　由于分泌树脂的树种不同，所以琥珀的颜色、质地各异，以血红色、金黄色为主，包裹有各种昆虫的琥珀尤为珍贵。琥珀是工艺品、装饰品，也是中药材。

🔍 琥珀原石

（1）树脂

　　树脂一般被认为是植物组织的正常代谢产物或分泌物，常和挥发油并存于植物的分泌细胞、树脂道或导管中。由多种成分组成的混合物，通常为无定型固体，表面微有光泽，质硬而脆，少数为半固体。树脂加热软化，最后熔融，燃烧时有浓烟，并有特殊的香气或臭气。

（2）琥珀的存放

　　琥珀硬度低，怕摔砸和磕碰，应该单独存放，不要与钻石、其他尖锐的或硬的首饰放在一起。琥珀首饰害怕高温，不可长时间置于阳光下或是暖炉边。尽量不要与酒精、汽油、煤油和含有酒精的有机溶液接触。

（3）松树

　　松树，常绿树，绝大多数是高大乔木，高20~50米，最高可达75米。松树为轮状分枝，节间长，小枝比较细弱平直或略向下弯曲，针叶细长成束。

13
煤精、琥珀工艺

中国是煤炭大国，论煤的埋藏量，中国为世界第三位（位于美国和俄罗斯之后），论开采量，中国则是第一位。

煤炭不仅是目前世界不可或缺的能源，还是很好的化工原料。然而不要忽视了煤中的珍品——煤精和琥珀。

煤精，也叫煤玉，是一种从煤层中精选出来的腐殖与腐泥混合类型的煤，它质地细密，韧性大，适于刻镂，是雕刻工艺品的原料，可刻人物、动物、花卉、烟具、笔筒

🔍 煤精石雕刻

等，是一种古朴自然、浑厚豪放的特种工艺品。

琥珀呈深黄色或淡黄色，俗称"煤黄"。唐代诗人李白有名句称颂："兰陵美酒郁金香，玉碗盛来琥珀光。"现在老艺人已能按照琥珀原料的大小、形状、颜色等天然特征，巧手精思雕成动物、佛像和多种款式的领花、袖扣、戒指、项链、烟嘴等工艺品。此外，琥珀又是名贵的中药材，具有利尿、化淤、镇痛、安神的功能。其性平味甘，中医用于主治小便涩痛、尿血、惊悸、失眠等症，外敷则可治疱疹。

（1）工艺品

工艺品是通过手工将原料或半成品加工而成的产品，是对一组价值艺术品的总称。工艺品是人类智慧的结晶，充分体现了人类的创造性和艺术性。

（2）腐泥

腐泥是在沼泽深水地带、湖泊和海湾等缺氧还原环境中，富含蛋白质、碳水化合物和脂肪的低等浮游生物和低等植物，在厌氧细菌参与下分解，经过聚合作用和缩合作用形成的暗褐色到黑灰色的有机软泥，再经压实、失水而成。

（3）李白

李白（701—762），字太白，号青莲居士，唐朝诗人，有"诗仙"之称，伟大的浪漫主义诗人，汉族，存世诗文千余篇，代表作有《蜀道难》《将进酒》等诗篇，有《李太白集》传世。

14
煤中的碳和氢元素

科学上对煤要进行多种分析，其中有工业分析和元素分析。

煤的元素分析只是分析煤的一部分，即煤的有机质部分。分析结果发现，构成煤的有机质的主要元素有6种：碳、氢、氧、氮、硫、磷。

碳元素是煤炭中的主要元素。从褐煤、烟煤到无烟煤，碳元素的含量不断增多。褐煤的平均含碳量在70%左右；烟煤为75%~90%；无烟煤的有机质部分几乎全部由碳元素构成，含量高达90%以上，最高可达98%。这就是说，碳是组成煤中有机质的最重要的一种元素。

碳是能够燃烧的元素。燃烧1千克碳，能放出3.41×10^7焦的热量。无烟煤的含碳量最高，所以它的发热能力也最大。

氢气是一种无色、无味、无臭的气体。氢气是最轻的一种气体。氢气燃烧时的发热量比碳高4倍多。煤中氢的含量不多，一般不超过6%。含氢量最低的无烟煤，100千克有机质中只含有2千克左右的氢。

煤是重要的化工原料，含氢量的多少影响煤的性能和用途，也影响煤的发热能力。有些烟煤的含碳量比无烟煤少，但是发热量却可能大于无烟煤，这是因为烟煤里的含氢量高于无烟煤。

（1）有机质

有机质指含有生命机能的有机物质，包括土壤中的微生物、土壤中动物及其分泌物、土体中植物残体和植物分泌物。有机质是土壤养分的主要来源，具有生理活性，能促进作物生长发育。

（2）氢气

氢气是世界上已知的最轻的气体。它的密度非常小，只有空气的1/14。所以氢气可作为飞艇的填充气体（由于氢气具有可燃性，安全性不高，飞艇现多用氦气填充）。在高温、高压下，氢气甚至可以穿过很厚的钢板。氢气主要用作还原剂。

（3）化工原料

化工原料种类很多，用途很广。化工原料在全世界有500万~700万种之多，在市场上出售流通的已超过10万种，而且每年还有1000多种新的化学品问世，且其中有150~200种被认为是致癌物。危险品一般都是化工行业的原料、中间体、产品，运输的方法主要是针对相关产品的物理化学性质来选择。

🔍 三道岭采煤

15

煤中的氧、氮、磷元素

　　氧气也是一种无色、无味的气体。一般物体的燃烧都离不开氧气，但氧气本身却不能燃烧。氧元素同氢元素一样，从褐煤到无烟煤，氧元素的含量越来越少。褐煤的含氧量是15%~30%，烟煤是2%~18%，无烟煤只含有1%~2%。氧元素在燃烧时容易同其他元素结合在一起变成挥发性产物。因为褐煤、烟煤的含氧量远比无烟煤多，所以能够产生较多的挥发分。

　　氮气也是无色无味的气体，不能燃烧，也不能助燃。煤中含氮量只有1%~2%，无烟煤的含氮量小于1%。

　　煤还含有硫元素和磷元素。不但煤的有机质中含有硫和磷，就是煤的无机物中也含有硫和磷。在一般情况下，硫是淡黄色的固体，磷却可以分成红磷、白磷、黑磷几种。煤中硫的含量为0.1%~10%，磷的含量只有百分之零点几，一般不超过1%。但是，硫和磷的危害却相当大。煤燃烧时，煤里的硫会变成二氧化硫气体释放出来，污染大气，腐蚀锅炉，损害人体健康和影响农牧业生产。现代技术就是要除硫，并使含硫烟气用来生产优质硫酸，以达到除害兴利的目的。

选煤场

（1）红磷

红磷，紫红色或略带棕色的无定形粉末，有光泽。红磷加热升华，但在43千帕压强下加热至590℃可熔融，汽化后再凝华则得白磷。红磷难溶于水，略溶于无水乙醇，无毒无气味，燃烧时产生白烟，烟有毒。红磷化学活动性比白磷差，不发磷光，在常温下稳定，难与氧反应。

（2）白磷

白磷，白色或浅黄色半透明性固体，质软，冷时性脆，见光颜色变深，暴露空气中在暗处产生绿色磷光和白色烟雾。白磷能直接与卤素、硫、金属等发生反应，与硝酸生成磷酸，与氢氧化钠或氢氧化钾生成磷化氢及次磷酸钠。

（3）黑磷

黑磷，黑色有金属光泽的晶体，是用白磷在很高压强和较高温度下转化而形成的。在磷的同素异形体中黑磷反应活性最弱，它在空气中不会点燃。其使用价值不大。

16

煤的工业分析（一）

　　煤的工业分析包括测定煤中的水分、灰分、挥发分、硫分、发热量等。

　　水分。在所有煤炭中都或多或少含有水分。煤中水分的来源有两种：一是在开采、运输、储存、洗煤时，在煤表面和大毛细孔中的水分；另一种是内在水分。一般来说，褐煤含水最多，烟煤次之，无烟煤最少。煤含水多了会影响发热量，褐煤的发热量比较低，这与含水分多有一定关系。

　　灰分。煤燃烧时可燃部分烧尽后残剩下来的煤灰，就是灰分。煤里灰分的含量少的只有5%，多的可达45%。灰分越高，煤质越差。去掉水分以后，如果灰分含量在40%~50%，那就不能算做是煤，而是一种炭质岩石。

　　挥发分。去掉水分后的干煤，放进密闭的容器里加热，煤就要发生分解，一部分有机体就变成气体，这就是煤中的挥发分，如氢、氧、氮、甲烷、乙烷、乙炔、一氧化碳、二氧化碳、硫化氢等。褐煤的挥发分最多，一般为45%~55%，烟煤有10%~50%，无烟煤为8%以内，通常为1%~2%。挥发分是鉴定煤质好坏的重要成分之一。

（1）洗煤

洗煤是煤炭深加工的一个不可缺少的工序，从矿井中直接开采出来的煤炭叫原煤，原煤在开采过程中混入了许多杂质，洗煤就是将原煤中的杂质剔除，或将优质煤和劣质煤进行分类的一种工业工艺。

（2）乙烷

乙烷是烷烃同系列中第二个成员。乙烷在某些天然气中的含量为5%~10%，仅次于甲烷。乙烷存在于石油气、天然气、焦炉气及石油裂解气中，经分离而得。

（3）乙炔

乙炔俗称风煤、电石气，是炔烃化合物系列中体积最小的一员，主要用于工业方面，特别是烧焊金属方面。乙炔在室温下是一种无色、易燃的气体。纯乙炔是无臭的，但工业用乙炔由于含有硫化氢、磷化氢等杂质，而有一股大蒜的气味。

 汽车运煤

17 煤的工业分析（二）

　　焦渣。当挥发分从煤中逸出后，残留下来的固体物质就称焦渣（焦炭）。焦渣包括煤中不挥发的有机物质和煤中的全部灰分，如果除去灰分就称为无灰分焦渣。不同种类煤的焦渣，具有不同的性质，如不黏结的煤，焦渣为粉末状；有黏结性的煤，焦渣为黏结状。

　　煤的发热量。煤的发热量就是单位重量的煤完全燃烧后所放出来的全部热量。煤发热量的大小，主要决定于煤中碳、氢、氧元素含量的多少。这些元素在各种煤中的含量是不尽相同的，所以各种煤的发热量也不一样。从褐煤到烟煤的发热量是增加的，这是因为碳的含量增加，而氧的含量减少；从烟煤到无烟煤，其发热量是减少的，因为无烟煤的变质程度高，虽然含碳量高，但甲烷、氢的含量比烟煤少，氢燃烧时的发热量等于炭的4倍，所以烟煤的发热量比无烟煤高。发热量的大小对于动力用煤有着重要意义。

（1）冶金工业

　　冶金工业是指对金属矿物的勘探、开采、精选、冶炼以及轧制成材的工业部门，包括黑色冶金工业（钢铁工业）和有色冶金工业两大类。冶金工业是重要的原材料工业部门，为国民经济各部门提供金属材料，也是经济发展的物质基础。

煤炭开采

（2）变质程度

变质程度又称"变质等级"，指变质过程中原岩受到变质的程度，变质作用可分为低级、中级、高级三个等级，温度、压力愈大，原岩变质程度愈高。例如，黏土质岩石在低级变质时形成板岩、千板岩，中级变质时形成云母片岩，高级变质时形成片麻岩。

（3）煤中硫分

煤中硫分按其存在的形态分为有机硫和无机硫两种。有的煤中还有少量的单质硫。煤中的有机硫，是以有机物的形态存在于煤中的硫，其结构复杂，至今了解的还不够充分。

18

陕北榆神的"环保煤"

目前在中国的一次能源消耗中，煤炭占75%左右，燃煤向大气排放的二氧化硫达2000多万吨，所以燃烧煤炭成为中国当前环境污染的头等问题。那么，有没有含硫低、灰分少、热值高的煤呢？最近在陕北榆神煤矿就发现一种"环保煤"。

榆神矿区地处陕北侏罗纪煤田中部，矿区面积5800平方千米，煤炭地质储量525亿吨，其中已经完成地质勘探1196平方千米，煤炭地质储量301亿吨。其主要可采煤层四层，最上一层开采煤层平均厚度为6~8米，最后可达12.96米。榆神矿区的煤炭具有三低一高的特点，即低硫、低

🔍 煤渣

磷、低灰分，高发热量。根据陕西煤田地质局提供的资料，煤层平均含硫量为0.59%，远远低于全国其他所有煤炭含硫量（一般为2%），也就是说，燃用榆神煤矿的煤，可以减少近70%的排硫量。如果全部燃用榆神煤，全国每年向大气中排放的二氧化硫可以减少到1000万吨以下。榆神矿区煤中磷的含量平均值是0.002%，也比其他煤矿含磷低60%左右。另外，榆神矿区煤的灰分产率一般只有4%~7%，最高为9.5%，所以，燃用榆神矿区的煤，煤灰的排放量比其他地区要减少一半多。因此，榆神矿区的煤在国际市场上具有很强的竞争力。

（1）一次能源

一次能源是指自然界中以原有形式存在的、未经加工转换的能量资源，又称天然能源。一次能源包括化石燃料（如原煤、石油、原油、天然气等）、核燃料、生物质能、水能、风能、太阳能、地热能、海洋能、潮汐能等。

（2）二氧化硫

二氧化硫（化学式为SO_2）是最常见的硫氧化物，无色气体，有强烈刺激性气味，是大气主要污染物之一。二氧化硫溶于水中，会形成亚硫酸（酸雨的主要成分）。若把二氧化碳进一步氧化，通常在催化剂如二氧化氮的作用下，便会生成硫酸。

（3）地质储量

地质储量是指根据区域地质调查、矿床分布规律，或根据区域构造单元，结合已知矿产的成矿地质条件所预测的储量。这类储量的研究程度和可靠程度很低，未经必要的工程验证，一般只能作为进一步安排及规划地质普查工作的依据。

19
发电、冶炼铁和化工

在火力发电厂里，电是靠燃烧煤生产出来的：煤把锅炉里的水烧成蒸汽，蒸汽推动汽轮机，汽轮机带动发电机，发电机就发出电来。在这里，煤的热能变成电能，供人们在生活和工业中利用。

炼铁事业的发展是同采煤事业的发展分不开的。过去冶炼1吨生铁，往往需要400~600千克焦炭，而焦炭正是由煤炼成的。焦炭不仅是

🔍 火力发电厂

炼铁的燃料，而且是炼铁的原料——还原剂。甚至生产铁合金、铸铁件、碳化物以及冶炼其他有色金属，也要直接或间接使用煤作燃料或原料。

此外，煤还是有机化工原料。近几十年来，随着社会生产和科学技术的进步，人们已经越来越多地注意到了煤在化工方面的用途。因为煤的分子是一些结构极其复杂的大分子，人们采取化学加工的方法，可以使煤的大分子分解，得到各种简单的化合物，再用这些简单的化合物作原料，就能生产出许多宝贵的东西，供人们生活和生产所需。

（1）火力发电厂

火力发电厂简称火电厂，是利用煤、石油、天然气作为燃料生产电能的工厂，它的基本生产过程是：燃料在锅炉中燃烧加热水生成蒸汽，将燃料的化学能转变成热能，蒸汽压力推动汽轮机旋转，热能转换成机械能，然后汽轮机带动发电机旋转，将机械能转变成电能。

（2）生铁

生铁是含碳量大于2%的铁碳合金，工业生铁含碳量一般为2.5%~4%，并含C、SI、Mn、S、P等元素，是用铁矿石经高炉冶炼的产品。根据生铁里碳存在形态的不同，又可分为炼钢生铁、铸造生铁和球墨铸铁等几种。生铁坚硬、耐磨、铸造性好，但生铁脆，不能锻压。

（3）冶炼

冶炼是一种提炼技术，用焙烧、熔炼、电解以及使用化学药剂等方法把矿石中的金属提取出来；减少金属中所含的杂质或增加金属中某种成分，炼成所需要的金属。

20
煤炭的综合利用

🔍 运煤船

1吨好的炼焦煤，经过高温焦化，可以得到700~800千克焦炭（固体）、30~40千克的焦油（煤焦油）和100多千克的焦炉气（焦炉煤气）。100多年前，人们把焦油当成废物扔掉。19世纪中期以来，有机合成化学工业兴起，人们才发现焦油的成分非常复杂，后来测出它由480多种成分组成。于是焦油就成了有机合成化学工业珍贵的"原料仓库"，用它来制造千百种化工产品。用它可制成2000多种合成染料、各种各样的不同香味的香料、合成橡胶、各种塑料、合成纤维和许多农药、化肥、洗涤剂等，还有沥青、溶剂、油漆、糖精……难怪有人称誉煤炭是"万能的原料"。

煤的综合利用大有文章可做。早在190多年前，人们把焦油涂到木材和金属上，用来防止腐蚀，这是煤炭综合利用的开始。现在，用煤炭作原料制成的产品已有数千种之多。

焦炭除作冶金高炉的"粮食"外，还是制造煤气、电极、合成氨、电石的原料，电石除用于点灯照明和切割、焊接金属外，还是生产塑料、合成纤维、合成橡胶等重要化工产品的原料。

（1）焦化

焦化一般指有机物质碳化变焦的过程，是指重质油（如重油、减压渣油、裂化渣油甚至土沥青等）在500℃左右的高温条件下进行深度的裂解和缩合反应，产生气体、汽油、柴油、蜡油和石油焦的过程。焦化主要包括延迟焦化、釜式焦化、平炉焦化、流化焦化和灵活焦化五种工艺过程。

（2）焦炉气

焦炉气又称焦炉煤气，是指用几种烟煤配制成炼焦用煤，在炼焦炉中经过高温干馏后，在产出焦炭和焦油产品的同时所产生的一种可燃性气体，是炼焦工业的副产品。

（3）电石

电石即碳化钙，无机化合物，无色晶体，工业品为灰黑色块状物，断面为紫色或灰色，遇水立即发生剧烈反应，生成乙炔，并放出热量。电石是重要的基本化工原料，主要用于产生乙炔气，也用于有机合成、氧炔焊接等。

21

泥　炭

　　由植物转变成煤的过程，大体可以分为泥炭化、煤化和变质三个阶段。当植物一层层地堆积在水下而被泥沙覆盖起来的时候，与大气中的氧气隔绝，在兼性厌氧细菌的作用下，植物残核腐烂分解，就形成了质地疏松的泥炭。

　　泥炭在上覆沉积物的压力下，失去水分，并压缩和胶结，挥发分相对减少，碳的含量进一步增加，就逐渐转化成褐煤。这就是煤化作用。

　　褐煤埋藏在地下较深的地方，受到高温高压的作用，使其水分和挥发分进一步减少，碳含量相对增加，结构更加严密，密度逐渐加

🔍 煤炭转运场

大，产生黏结性，出现光泽，这样，质地疏松的褐煤变成黑色的烟煤，进一步可以变成质地坚硬的无烟煤。

煤的前身——泥炭，是一种利用广泛的矿产资源，特别在能源方面初露锋芒，在农业、工业和医药等方面具有多种用途。中国泥炭的成矿条件优越，储量比较丰富。在20世纪80年代初，已进行大规模的资源调查，全国已发现泥炭矿床6000多处，其中大型的矿床近400处，总资源量50多亿吨，分布面积达1万多平方千米，主要分布在青藏高原、云贵高原、东北的三江平原、大小兴安岭山地和华中长江中下游、华南沿海等地区。其中，当年红军长征时走过的草地——若尔盖地区发育了五个超亿吨的泥炭矿床，是中国最重要的泥炭产地。

（1）兼性厌氧细菌

兼性厌氧细菌又称兼嫌气性微生物。该种细菌既可以在有氧条件下进行新陈代谢，又可以在无氧状态下进行新陈代谢，但在这两种状况下，其体内的生化反应是不同的，也就是说产能途径不同。

（2）胶结

在将沉积物压实的过程中，受压力的作用，岩石的一些矿物慢慢溶解在水里，于是含有矿物的水溶液就渗入沉积物颗粒间的空隙中。当含有矿物的水溶液中的矿物结晶时，沉积物颗粒被结晶的晶体黏在一起的过程就叫胶结。

（3）煤化作用

煤化作用指泥炭转变为褐煤、烟煤、无烟煤，或腐泥煤转变为腐泥褐煤、腐泥烟煤、腐泥无烟煤的过程。煤化作用是成煤作用的第二阶段，以物理化学作用为主，包括煤成岩作用和煤变质作用。

22

泥炭的工业利用

🔍 制作蜂窝煤

泥炭可用作燃料，用于建材、用于环境保护等方面。

用作燃料。中国一些缺煤地区和边远农村，用泥炭作燃料，已有多年的历史，如广东、江苏、四川、西藏和云南的一些农村，农民就近采挖泥炭，用于炊事、取暖或将泥炭作为地方工业燃料。目前中国的泥炭燃料生产仍是小规模的人工开采。在国外，一些缺煤国家，如爱尔兰，每年生产燃料泥炭达560万吨，其中除生产50万吨燃料泥炭砖供民用和工业用外，其他主要用来发电，泥炭发电占全国总发电量的14%。另外，泥炭一般含硫量低，而含氮和易挥发物相对较高，因此，一些国家正致力于研究泥炭的气化、液化和焦化生产，有些已经完成了技术可行性研究和中间试验。

用于建材。泥炭用于建材主要是利用泥炭中的纤维素和半纤维素。中国东北师范大学曾用泥炭纤维作为主要原料，经过原料处理、成型、热压等工序，试制硬质木浆纤维饰板、塑泥纤维代木窗框和塑泥纤维地板块。

用作化工原料。泥炭及其腐殖酸类物质在化工上应用广泛。荷兰等国家用泥炭制作活性炭；爱尔兰、法国和瑞典等国用作包装填料。前苏联用泥炭生产泥炭蜡。泥炭也广泛应用于陶瓷工业、染料涂料、蓄电池和钻井泥浆等方面。

用于环境保护。泥炭富含有机质和腐殖酸，属于天然的离子交换剂和吸附剂。人们一般是利用泥炭的这一特点处理工业"三废"。

（1）半纤维素
　　半纤维素是由几种不同类型的单糖构成的异质多聚体，这些糖是五碳糖和六碳糖，包括木糖、阿拉伯糖和半乳糖等。

（2）纤维素
　　纤维素是由葡萄糖组成的大分子多糖，不溶于水及一般有机溶剂，是植物细胞壁的主要成分。纤维素是自然界中分布最广、含量最多的一种多糖，占植物界碳含量的50%以上。棉花的纤维素含量接近100%，为天然的最纯纤维素来源。

（3）蓄电池
　　蓄电池是将化学能直接转化成电能的一种装置，是按可再充电设计的电池，通过可逆的化学反应实现再充电，通常是指铅酸蓄电池，它是电池中的一种，属于二次电池。

23
泥炭的农业利用

泥炭富含有机碳和腐殖质以及多种营养元素，并有较大的持水与吸气性能和代换性能。因此，泥炭在农业上主要用于制作各种腐殖酸类肥料、营养土和营养钵。从泥炭中提取的腐殖酸及其盐类，除用于植物生长刺激素外，还可用作饲料添加剂、饲料发酵剂，制作腐殖酸杀虫剂和除草剂。

制作肥料。有机肥料是提高土壤肥力和农作物产量不可或缺的条件。中国华北、东北、华东和华南地区，一些农民开采当地泥炭，用于垫圈或加粪水、氨水、碳酸氢铵堆，或加氨、磷、钾等，加工成有机—无机复合肥料。中国已有20个省、市、自治区的上千个田间试验，应用腐肥于24种粮食作物、经济作物和花卉，试验都获得成功，

🔍 冬季铁路煤炭运输

收成很好。

在畜牧业上的利用。用泥炭和腐殖酸类物质研制家畜、家禽的饲料添加剂，取得了较好的经济效益。吉林农业大学研制的泥炭腐殖酸复合饲料添加剂，在蛋鸡混合料中按0.2%~0.5%的剂量添加，提高产蛋率14%，降低饲料消耗4%~8%，并且蛋重增加。近年来，泥炭在园艺方面的应用得到了迅速发展，产品种类繁多，如苗床土、营养钵及花盆、营养土等。芬兰的温室栽培业在没有利用泥炭时，黄瓜平均产量为20~22千克/米^2，番茄为10千克/米^2，用泥炭营养土栽培后，黄瓜产量为35~40千克/米^2，番茄为20~25千克/米^2，最高产量可达35~60千克/米^2。

（1）有机碳

有机碳是沉积岩中含有的与有机质有关的碳素，常用单位质量岩石中有机碳的质量分数表示。有机碳是生油岩研究中的一个基础指标，它可用于确定生油岩、指示有机质丰度，判断生油效率、转化效率和演变程度，计算生油量，推测石油初次运移方向等。

（2）腐殖质

腐殖质是指已死的生物体在土壤中经微生物分解而形成的有机物质，黑褐色，含有植物生长发育所需要的一些元素，能改善土壤，增加肥力。

（3）腐殖酸

腐殖酸是自然界中广泛存在的大分子有机物质，广泛应用于农林牧、石油、化工、建材、医药卫生、环保等各个领域，横跨几十个行业。特别是眼下提倡生态农业建设、无公害农业生产、绿色食品等，更使"腐殖酸"备受推崇。

24
泥炭的医药利用

🔎 蜂窝煤

　　泥炭及其提取物在医疗上的应用主要有两个方面：一是直接用含腐殖酸的泥炭和腐泥进行浴疗；二是用泥炭提取腐殖酸类物质加水或矿泉水做浴疗，或制成腐殖酸类药物用于治疗。

　　泥炭浴疗法。浴疗在欧洲已有悠久的历史，仅德国的80多个泥炭浴疗点，每年就接待10万以上的人次进行浴疗。据研究，腐泥中含有丰富的生理活性物质，具有刺激素效应，大量的病例证明，该物质对治疗类风湿性关节炎和慢性肠胃炎症有效率达90%。泥炭浴一般分为三种方法：一是将泥炭粉末混在水或矿泉水中；二是将泥炭粉末调成糊状涂抹在患处；三是将泥炭糊装入布袋内，加温到80℃，趁热敷在病痛处。

腐殖酸类药物。在形成泥炭的植物中至少有上百种药用植物，它们死亡后，在形成泥炭的过程中，由于细菌、真菌和放线菌的参与，产生多种抗生素、维生素物质。近年来，国内外关于腐殖酸类药物治病的研究及应用效果的报道越来越多。日本和德国用腐殖酸类铋和由腐殖酸钙、三硅酸镁、次硝酸铋、海藻酸钠、苯锉卡因等混合制成的复合制剂治疗胃肠道疾病，现已制成药品出售。

（1）浴疗

浴疗就是利用沐浴的医疗作用治疗疾病的方法，实际上是利用水温、水压以及在水中加入的各种药物的作用，达到预防和治疗某些疾病的一种方法。其采用淋浴的方式，水从莲蓬头喷出，由于水压的作用，可以产生负离子，使浴室空气中负离子增加，可使病人得到负离子疗法的治疗。

（2）生理活性物质

生理活性物质是指对人或动物生理现象产生影响的活性物质。神经传递物质乙酰胆碱、神经生长因子、多肽、多糖、多种活性酶、酶原等都是生理活性物质，辅酶、辅机等都是生理活性物质的组成部分。

（3）抗生素

抗生素是由微生物（包括细菌、真菌、放线菌属）或高等动植物在生活过程中所产生的具有抗病原体或其他活性的一类次级代谢产物，能干扰其他生活细胞发育功能的化学物质。现临床常用的抗生素有微生物培养液中提取物以及用化学方法合成或半合成的化合物。目前已知天然抗生素不下万种。

25
褐煤用途多

　　褐煤是一种只经过岩化作用（由泥炭变成为褐煤的作用）的煤。褐煤轻，1立方米褐煤的重量仅有1.1~1.4吨；褐煤疏松，用手一捏就会碎成粉末，刚从矿井中挖出的褐煤块，一见阳光就会风化成煤粉；褐煤的发热量低，但易燃烧，燃烧时冒出浓重的黑烟，但火力不强，用作燃料的价值不大；褐煤水分含量高，一般可达10%~30%，而挥发分含量很高，可以达到40%~55%。

🔎 褐煤

一提起褐煤，人们就会认为它质量不好，用处不大。其实褐煤的用途十分广泛，不仅可以作动力燃料，而且还可以用于气化、液化、炼焦和提取化工产品。同时，褐煤储量丰富，一般埋藏较浅，构造简单，开采成本相对较低。因此，世界各国都日益重视褐煤的勘探和开发，产量不断增加。

目前，世界上开采的大部分褐煤都用于发电。由于褐煤的发热量较低，且水分含量高，发电耗煤量大，所以一般都在矿区附近建坑口电站。近年来，有的国家还将褐煤干燥破碎，制成粒度在0.1毫米以下的干燥褐煤粉，成为易燃性很强的燃料，用于高炉喷吹，可节省焦炭。

（1）岩化作用

岩化作用是新近沉积的未固结的沉积物转变为岩石的复杂的过程。岩化作用可发生在沉积物沉积的时候，或者是在沉积之后。胶结作用是一种主要的岩化作用，对于砂岩和砾岩来说尤为如此。

（2）坑口电站

坑口电站就是在煤的产地建设大型电站，就地发电。我国坑口电站的发电机，大部分都是使用我国自行发明设计的、具有世界先进水平的双水内冷式蒸汽汽轮发电机。

（3）高炉喷吹

高炉喷吹是指用喷吹煤粉替代部分焦炭来进行燃烧的一种工艺。高炉喷吹一方面可节约焦化投资，少建焦炉，减少焦化引起的空气污染；另一方面可大大缓解炼焦煤供求紧张的状况。

26
褐煤的综合利用

🔎 煤矿

在高温下，褐煤与气体（如氧、二氧化碳）有较强的化学反应性，能使煤中的有机质转变成可燃气体。目前，已有不少国家用褐煤生产城市民用煤气和合成原料气，有的国家用褐煤生产的煤气占城市煤气总消费量的60%以上，煤气的发热量可达每立方米1.67×10^7焦，完全合乎要求。用褐煤生产的合成原料气，是重要的有机化工原料，可以制取氮肥、氢气、塑料、聚脂和甲醇等化工产品。

在褐煤中加适量的黏结剂炼焦，焦炭的发热量可达每千克2.93×10^7焦，是一种高热值无烟民用燃料。此外，从炼焦中可回收比烟煤还要多的炼焦油、氨水、焦炉煤气等副产品。

褐煤含有丰富的褐煤蜡和腐殖酸。低级褐煤的蜡和腐殖酸含量可分别达到12%~15%、35%~40%。褐煤蜡是制造涂料、油漆、橡胶添加剂、润滑油和高级蜡纸的原料。据报道，德国年产褐煤蜡4万吨，出口到40多个国家，基本上垄断了国际市场。

在农业上可用褐煤制取腐殖酸肥料，褐煤腐殖酸具有提供养料、改良土壤和刺激植物生长的作用。在地质钻进中，褐煤腐殖酸用作泥浆的调整剂，可以调节和维护泥浆的工艺性能，提高钻进效率。此外，褐煤中还有丰富的稀散元素（如镓和锗），往往成为回收锗和镓的重要原料。

（1）氮肥

氮肥是指含有作物营养元素氮的化肥。元素氮对作物生长起着非常重要的作用，它是植物体内氨基酸的组成部分，是构成蛋白质的成分，也是植物进行光合作用起决定作用的叶绿素的组成部分。施用氮肥不仅能提高农产品的产量，还能提高农产品的质量。

（2）甲醇

甲醇，化学式CH_3OH，是无色有酒精气味易挥发的液体，有毒，误饮5~10毫升会使人双目失明，大量饮用会导致死亡。甲醇常用于制造甲醛和农药等，并用作有机物的萃取剂和酒精的变性剂等。甲醇通常由一氧化碳与氢气反应制得。

（3）褐煤蜡

褐煤蜡是褐煤经甲苯、苯、乙醇或汽油等有机溶剂萃取所得的蜡状物。褐煤蜡是一种稀缺矿产，褐煤蜡质地比较坚硬，熔点较高，耐酸，化学稳定性、光泽度、电绝缘性均好，易溶于有机溶剂。褐煤蜡广泛用作价格昂贵的天然动植物蜡的代用品和补充品，如用于制作复写纸、皮鞋油、地板蜡等。

27
粉煤灰是个宝

　　中国的粉煤灰农业研究方向大致分为两个阶段，第一阶段的重点放在粉煤灰的肥料价值和改土增产的效果上，第二阶段逐渐转到粉煤灰中的天然放射性元素和重金属元素对环境的潜在危害与防治对策上。20世纪60年代中期，相继开展了粉煤灰的农用效果试验，并取得了一定效果。试验证明，一亩（1亩约为667平方米）地施放7500千克的粉煤灰，对小麦、水稻、玉米、大豆、地瓜等农作物均有不同的增

 运煤车

产效果。利用粉煤灰填坑覆土造地，改良土壤，效果也很明显。

由于煤是由植物生成的，所以粉煤灰的成分同草木灰一样，含有植物生长发育所必需的营养物质。粉煤灰的元素组成因煤的来源不同而有所不同，其主要成分为硅、铝、铁、钙、镁以及未烧尽的碳、磷、钾、钠。此外，粉煤灰还含有多种微量元素，如硼、锰、铜、锌、钼、钴、钒等。粉煤灰不仅可以作为肥料，而且是良好的土壤改良剂，用于黏土可以疏松土壤，用于盐碱地还有改造土壤的作用，用于砂土可以增加保水性。另外，粉煤灰可作为混凝土的掺合料。

因此，开展粉煤灰的农业研究具有重要的意义。

（1）粉煤灰的危害

粉煤灰是从煤燃烧后的烟气中收集来的细灰，是燃煤电厂排出的主要固体废物。粉煤灰是我国当前排量较大的工业废渣之一，燃煤电厂的粉煤灰排放量逐年增加。大量的粉煤灰不加处理就会产生扬尘，污染大气；若排入水系会造成河流淤塞，而其中的有毒化学物质还会对人体和生物造成危害。

（2）重金属元素

重金属元素一般是指在标准状况下单质密度大于4500千克/米³的金属元素，区别于轻金属元素（如铝、镁）。常见的重金属元素有镉（Cd）、汞（Hg）、银（Ag）、铜（Cu）、钡（Ba）、铅（Pb）等。重金属元素的离子一般是有毒的，比如铜单质无毒，但是铜离子使蛋白质变性，有毒。

（3）草木灰

草木灰是指植物（草本和木本植物）燃烧后的残余物。所以但凡植物所含的矿质元素，草木灰肥料中几乎都含有。草木灰质轻且呈碱性，干时易随风而去，湿时易随水而走，与氮肥接触易造成氮素挥发损失。

28
粉煤灰是良肥

用粉煤灰作为根瘤菌的载体，以粉煤灰为基质，加入植物生长所需要的常量、中量、微量元素，制成全营养成分的硅酸质复合肥料；用粉煤灰作为花卉的基肥，促进花卉的生长，促使其株高、叶茂、花多，可代替牲畜肥。

利用废弃的灰场覆土造田以后，各种农作物是否会形成放射性元素及重金属元素的积累，一些科研机构相继进行了这方面的试验，结果表明，利用废弃的灰场覆土还田以后，种植的农作物或者蔬菜的可食部分中，放射性的含量不会超过国家规定允许的标准；利用

 铁路运煤

粉煤灰改良土壤，只要施用量在每亩5万千克以下，就不会造成放射性铀、钍以及重金属元素含量超标。但是一些专家认为，必须严格控制粉煤灰的用量，并且加强监督与管理。

试验表明，粉煤灰是一种含有多种元素的复合肥，可以作为缺乏这些元素的土壤和酸性土壤的补给肥源。另外，粉煤灰虽然不含有机物质，但是有一定的吸附性，可以与城市垃圾、粪便、秸秆等有机物一起作为堆肥。粉煤灰还可以用作北方早稻育秧、蔬菜育苗的覆盖物，以提高土壤表层的温度，利于培育出壮苗。

（1）根瘤菌

根瘤菌指能与豆科植物共生形成根瘤，并将空气中的氮还原成氨，以供给植物营养的一类杆状细菌。虽然空气成分中约有80%的氮，但一般植物无法直接利用，花生、大豆、苜蓿等豆科植物，通过与根瘤菌的共生固氮作用，才可以把空气中的分子态氮转变为植物可以利用的氨态氮。

（2）复合肥料

复合肥料是由化学方法或混合方法制成的含作物营养元素氮、磷、钾中任何两种或三种的化肥。其作用是满足不同生产条件下农业需要的多种养分的综合需要和平衡，大量用于现代农业。

（3）秸秆

秸秆是成熟农作物茎叶（穗）部分的总称，通常指小麦、水稻、玉米、薯类、油料、棉花、甘蔗和其他农作物在收获子实后的剩余部分。农作物光合作用的产物有一半以上存在于秸秆中，秸秆富含氮、磷、钾、钙、镁和有机质等，是一种具有多用途的可再生的生物资源，秸秆也是一种粗饲料。

29
煤灰里的稀散金属

　　煤可以说浑身是宝，甚至连它燃烧时产生的废气，烧过后的煤灰、煤渣都有用处。烧煤时烟囱里冒出的黑烟含二氧化硫和烟尘，若飘浮在空中，会引起人们呼吸道和肺部疾病，损害人体健康。而今，把煤烟收集起来，生产优质硫酸，既避免有毒气体污染空气，又可以综合利用资源，增产节约，一举两得。

　　人们对经过烟道除尘收集起来的灰粉进行了分析，发现里面竟含有多种元素，其中锗和镓是两个鼎鼎有名的有用元素。锗和镓化合物

　　🔎 煤灰砖

都是良好的半导体材料，被誉为电子工业的"粮食"。它们在地壳里的分布很分散，是有名的"稀散元素"，可是有些煤的煤灰却成了提取锗和镓的"仓库"。想不到这神通广大的半导体元件材料，竟同乌黑而平凡的煤有着如此密切的亲缘关系。

综上所述，正如列宁所说的那样，从第一次工业革命到20世纪50年代以前（大量采掘石油以前），"煤炭是工业的真正食粮，离开这个食粮，任何工业都将停顿"。有人说煤是"乌金"，有人称它是"墨玉"，其实，这些虚名远远不及煤炭的平凡和伟大。煤的综合利用产品声誉越来越高，被称为"工业的二次原料""再生的矿产资源"。

（1）锗

锗的原子序数为32，属元素周期表中第ⅣA族元素，元素符号为Ge，是重要的半导体材料。锗的物质形态是一种灰白色的类金属。锗的性质与锡类似。锗最常用在半导体之中，用来制造晶体管。

（2）镓

镓是银白色金属，凝固点很低。由于镓具有稳定固体的复杂结构，纯液体有显著过冷的趋势，可放在冰浴内几天不结晶。其质软、性脆，加热可溶于酸和碱，与沸水反应剧烈，但在常温时仅与水略有反应，高温时能与大多数金属作用。镓由液态转化为固态时，膨胀率为3.1%，宜存放于塑料容器中。

（3）稀散元素

稀散元素是指在地壳中丰度很低（一般为10），在岩石中极为分散的元素。分散元素包括镓（Ga）、锗（Ge）、硒（Se）、镉（Cd）、铟（In）、碲（Te）、铼（Re）、铊（Tl）。稀散元素在电子、冶金、仪表、化工、医药等方面有重要用途，是不可替代的原材料。

30
煤矸石也是能源

筛选煤矸石

　　煤矸石的利用也是合理利用煤炭的课题之一。到目前为止，各国煤矿矿山的煤矸石，日积月累，堆积如山，不仅占用大量土地，还污染环境，有时甚至还会引发火灾，或者造成崩塌事故。但是煤矸石并不是废物，而是一种潜在的矿产，既能够当燃料，又含有一些有用的成分，还可以用来修路造地，改良土壤，提取有用的化学元素等。

　　煤矸石以砂岩、泥岩为主，含少量石灰岩、煤屑、黄铁矿、高岭石等，是煤矿采煤与选矿过程产生的固体废物。随着煤炭工业的发展，排矸量每年在不断增加。防治煤矸石排堆带来的危害已是摆在人们面前急于解决的问题。综合有效利用煤矸石，变废为宝极其重要。

　　目前煤矸石资源的综合利用已成为煤炭行业新的经济增长点，取得良好效益。

煤矸石发电是利用煤矸石中的可燃成分，主要是选煤过程中排出的煤矸。电厂可利用矸石进行低热发电，使节能、环保为一体。如河南省兴建的煤矸电厂，其燃料主要为郑州区域内的煤矸石和劣质煤资源；山西晋能新能源发电投资公司也兴建了煤矸石发电厂，总容量为500万千瓦。

利用煤矸石发电的余热，可供生产、生活的取暖，无需外投任何燃料。

煤矸石已被广泛用于水泥生产。以煤矸石为原料，可生产低标号水泥，燃烧过的煤矸石是一种具有一定活性的硅酸盐，初步具有水泥的特性，可制造彩色水泥并提高水泥标号。

（1）黄铁矿

黄铁矿因其浅黄铜的颜色和明亮的金属光泽，常被误认为是黄金，故又称为"愚人金"。黄铁矿成分中通常含钴、镍和硒，具有氯化钠型晶体结构。还常存在微量的钴、镍、铜、金、硒等元素，含量较高时可在提取硫的过程中综合回收和利用。

（2）崩塌

崩塌是较陡斜坡上的岩土体在重力作用下突然脱离母体崩落、滚动、堆积在坡脚（或沟谷）的地质现象。这种现象产生在土体中称土崩，产生在岩体中称岩崩。规模巨大、涉及山体者称山崩。大小不等、零乱无序的岩块（土块）呈锥状堆积在坡脚的堆积物称崩积物，也可称为岩堆或倒石堆。

（3）高岭石

高岭石是长石和其他硅酸盐矿物天然蚀变的产物，是一种含水的铝硅酸盐。高岭石还包括地开石、珍珠石和埃洛石及成分类似但非晶质的水铝英石，它们属于黏土矿物。

31
煤矸石是新型材料

生产新型墙体材料。利用煤矸石可以生产烧结多孔砖、小型空心砌块砖、免烧实心砖、轻质陶粒隔墙板、盲孔砖等。在国家提出170个城市全面禁止使用实心黏土砖后，上述墙体制品大量在工程上使用。生产100万块小型砌块砖可消耗煤矸石1.1万吨，烧结多孔砖原料可全部使用煤矸石，生产全燃煤矸石砖，既节省能耗，降低生产成本，又可大量消耗掉煤矸石。

中国在新型墙材料方面，掺加的煤矸石能占到年均排放量的40%左右，是减少、消除煤矸石量最重要的一种利用途径。但在使用过程中，必须注意它的放射性、化学等污染是否超标，并仔细考虑它是否

🔎 洗煤厂

适合人居内室墙体使用。

生产填料。用煤矸石生产新型工业填料，用于泡沫人造革、镀膜、橡胶工业制品和涂料等。

生产高附加值新型材料——微晶石。中国地质科学院尾矿利用技术中心在2001年成功利用煤矸石生产高附加值新型材料，即微晶石、复合微晶石及压延微晶板材，并已在河北唐山、山西太原、北京沙头沟、辽宁阜新等地研制出来黄色、灰色、红色、绿色、黑色等多种花色品种的产品。这项技术也可广泛用在建筑工程、冶金、石油、化工等领域，是目前煤矸石综合利用的一项高科技新项目。安徽淮北矿务局年产60万平方米的微晶石生产线已投入生产。

（1）墙体材料

　　墙体材料具有有效减少环境污染、节省大量生产成本、增加房屋使用面积等一系列优点，其中相当一大部分品种属于绿色建材，具有质轻、隔热、隔音、保温等特点。有些材料甚至具有防火的功能。目前在社会上出现的新型墙体材料有加气混凝土砌块、小型混凝土空心砌块、纤维石膏板等。

（2）人造革

　　人造革是指一类外观、手感似皮革并可代替其使用的塑料制品，通常以织物为底基，涂覆由合成树脂添加各种塑料添加剂制成的配混料制成。

（3）中国地质科学院

　　中国地质科学院是国土资源部属地质科研事业单位，成立于1956年，主要从事基础地质、矿产地质、水文地质、工程地质、环境地质、岩溶地质、勘查地球物理、勘查地球化学、岩矿测试技术、勘查技术、矿产综合利用技术的科学调查研究及有关开发研究工作。

32
煤矸石是土壤的添加剂

🔎 洗煤厂

　　煤矸石可以复垦与改良土壤。煤矸石无复土微生物快速复垦技术的利用，使煤矸石、露天矿剥离物等固体废物场地不需要覆盖表土，经过一个植物生长周期（6个月），就可以建立稳定的活性土壤微生物群落。按复垦后的土地用途，又可分为农业复垦、草地复垦、建筑复垦、林业复垦、渔业复垦及生态农业复垦。如煤矸石土壤改良与绿色生态环境保护改良剂，由中国地质科学院专家在辽宁阜新矿务局进入项目联合开发，对阜新煤矸石绿色农业种植、农作物微肥生态环保事业的发展起到积极的作用。

当煤矸石在短时间不能被利用，矸石堆隐患造成了环境污染时，则实行差化环境植树种草，这样既减少矸石堆对天气扬尘和水环境污染的影响，又给绿化机制带来了收效，一般矸石堆适宜火炬树、槐树生长。

如今，利用煤矸石生产复合肥料已取得突破性进展，如重庆煤炭研究所利用煤矸石制取氨水，还有亚硫酸铵、碳酸铵和磷、钾等复合肥料。

中国是一个产煤大国，煤生产中的排矸量很大，需要不断地研究煤矸石利用的新技术，回收有益的矿产资源，去除有害组分，形成无二次污染的环保产品。因此，开发利用煤矸石具有环境和经济两重意义。

（1）复垦

复垦是指对生产建设活动和自然灾害损毁的土地采取整治措施，使其达到可供利用状态的活动。例如，在生产建设过程中，因挖损、塌陷、压占等原因造成的土地破坏，采取整治措施，使其恢复到可供利用状态的活动。

（2）群落

群落，亦称生物群落，是指具有直接或间接关系的多种生物种群有规律的组合，具有复杂的种间关系。例如一座森林中的一切植物为其中栖息的动物提供住处和食物，一些动物还能够以其他动物为食，而土壤中生存的大量微生物靠分解落叶残骸为生，这一切组成一个整体，称为生物群落。

（3）火炬树

火炬树为漆树科盐肤木属落叶小乔木，奇数羽状复叶互生，长圆形至披针形；直立圆锥花序顶生，果穗鲜红色；果扁球形，有红色刺毛，聚生成火炬状。其果实9月成熟后长久不落，而且秋后树叶变红，十分壮观。

33
科学用煤的重要性

据统计，近年来中国有70%左右的炼焦煤没有送去炼焦，而是作为动力煤烧掉了，这是非常可惜的。因此增加洗选设备，提高洗选能力，同时适当控制炼焦煤的产量，把采出来的炼焦煤都用来炼焦，这是当前在煤的合理利用方面很有经济效益的一项工作。

用无烟煤代替焦炭来生产合成氨，每生产1吨合成氨就能节省2.5吨煤，成本也降

🔎 生产蜂窝煤

低了60元左右。用无烟煤作高炉炼铁的喷吹燃料，每喷进1吨无烟煤粉所节省下来的焦炭，就相当于2.7吨的原煤。

直接烧煤很难完全烧尽，总得留下炉灰、炉渣。例如烧煤的电厂，一般炉灰、炉渣的含碳量最少也有10%，高的可达20%，甚至30%，煤炭的损失很大，热效率也低，平均为30%。为什么会这么低呢？主要同直接烧煤有关。如果把煤炭液化或气化燃烧，就可以提高热效率了。把煤变成液化油，它的总热效率比直接烧煤的热效率高出10%；把煤变成气体燃料来用，它的热效率比直接烧煤的锅炉的热效率高出10%，比民用炉灶的热效率高出一倍以上。

（1）洗选设备

洗选设备指采用先进技术，结合国内砂石行业实际情况研制的高效洗砂设备。洗砂机具有结构合理、产量大、洗砂过程中砂子流失少的特点，尤其是其传动部分均与水、砂隔离，故其故障率大大低于目前常用洗砂机，是国内洗砂行业升级换代的最佳选择。

（2）动力煤

动力煤是以发电、机车推进、锅炉燃烧等为目的产生动力而使用的煤炭。动力煤主要包括：褐煤、长焰煤、不黏结煤、贫煤、气煤、少量的无烟煤。从商品煤来说，主要包括：洗混煤、洗中煤、粉煤、末煤等。

（3）合成氨

合成氨指由氮和氢在高温高压和催化剂存在下直接合成的氨，分子式为NH_3。世界上的氨除少量从焦炉气中回收外，绝大部分是合成的氨。生产合成氨的主要原料有天然气、石脑油、重质油和煤（或焦炭）等。

34
高效节煤出新招

　　要提高煤的合理利用率，还得提高煤的质量。例如以煤炭的洗选来说，经过洗选的原煤，平均灰分大约降低30%，也就是说，一吨原煤，不能烧的东西只占1/4多一点。如果原煤不经洗选，就不可能达到这么好的技术指标。所以煤矿上多建一些洗煤厂，把煤洗选后成为净

🔎 地下采煤

煤再往外运，这样仅灰分就降低了5%，减少了热量损失。

在燃烧方面，现在大力推广应用沸腾炉烧煤矸石、石煤等劣质燃料，同时从烧烟煤发展到充分利用褐煤和无烟煤，这样可以节约优质煤，提高劣质煤效率，做到经济实惠。

近一个世纪以来，由于钢铁工业的迅速发展，世界上许多国家都感到，炼焦煤特别是炼焦煤里的强黏结煤供不应求。为了解决这个问题，人们正在从两个方面进行探索和研究，一是积极开发新的炼焦技术，寻找新的替代原料；二是合理利用现有的炼焦煤资源，尽量做到产销对路，物尽其用。炼焦煤必须先经过洗选，目前由于洗选能力很低，所以浪费现象比较严重。

（1）沸腾炉

沸腾炉是一种燃煤锅炉，是近年发展起来的一种新的燃烧技术之一。沸腾锅炉的工作原理是将破碎到一定粒度的煤末用风吹起，在炉膛的一定高度上呈沸腾状燃烧。沸腾炉的优点是对煤种适应性广，可燃烧烟煤、无烟煤、褐煤和煤矸石；另一个好处在于能使燃料燃烧充分，提高燃料的利用率。

（2）石煤

石煤是一种含碳少、发热值低、低品位的多金属共生矿，由5亿至4亿年前地质时期的菌藻类等生物遗体，在浅海环境下经腐泥化作用和煤化作用转变而成。含碳量较高的优质石煤呈黑色，具有半亮光泽，杂质少。石煤的发热量不高，一般在3.35×10^6焦/千克左右，是一种低热值燃料。

（3）钢铁工业

钢铁工业指生产生铁、钢材、工业纯铁和铁合金的工业，是世界所有工业化国家的基础工业之一。经济学家通常把钢产量或人均钢产量作为衡量各国经济实力的一项重要指标。

35
洁净技术的开发利用

🔍 洗煤厂

煤燃烧后进入大气的悬浮粒子，包括灰粒子、微量金属和碳氢化合物、烟等，对人类的健康威胁最大。煤燃烧时排放的二氧化硫（SO_2）是大气污染的元凶。

正因为煤炭燃烧后给自然界带来各种污染，所以洁净煤技术应运而生，成为当今世界解决煤炭利用和环境问题的主导技术，在各工业发达国家得到高度重视与大力发展。

煤燃烧前的处理和净化技术包括：

洗选处理是除去或减少原煤中所含的灰分、矸石、硫等杂质，并按不同煤种、灰分、热值和粒度分成不同品种等级。

型煤加工是用机械方法将粉煤和低品位煤制成具有一定粒度和形状的煤制品。高硫煤成型时可加入适量固硫剂，以减少二氧化硫的排放。烧型煤比烧散煤热效率提高1倍，节约煤20%~30%，烟尘和二氧化硫减少40%~60%，一氧化碳减少80%。

水煤浆是20世纪70年代发展起来的一种以煤代油的新燃料，它是把灰分很低而挥发分高的煤，研磨成250~300微米的煤粉，按煤约70%、水约30%的比例，加入0.5%~1%的分散剂和0.02%~0.1%的稳定剂配制而成的。水煤浆可以像燃料油一样运输、贮存和燃烧。

（1）悬浮粒子

悬浮粒子指空气悬浮粒子尺寸范围在0.1~1000微米的固体粒子和液体粒子，可用于空气洁净度分级。对于悬浮粒子计数测量仪，一个微粒球的面积或体积产生一个响应值，不同的响应值等价于不同的微粒直径。

（2）洁净煤技术

洁净煤技术是指从煤炭开发到利用的全过程中，旨在减少污染排放与提高利用效率的加工、燃烧、转化及污染控制等新技术。洁净煤技术（CCT）一词源于美国。

（3）煤种

煤种，即煤的种类。煤按成煤原始物质不同划分为腐殖煤、腐泥煤和腐殖腐泥煤三大类；按成煤作用不同阶段划分为泥煤、褐煤、烟煤和无烟煤四大类；按利用特性可分为炼焦炭煤和动力煤。

36
水煤浆的开发

　　水煤浆是20世纪80年代初，出现的一种新型煤基流体燃料。这是一种低污染、高效率、流动强的新型流体燃料，具有像油一样的易于装卸、储存及直接雾化燃烧的特点。

　　水煤浆是由70%的干煤、29%的水、1%的化学添加剂构成的，这

 煤矿

种煤炭新型产品，可以替代油、气等燃料，直接用于工业锅炉、电站锅炉、工业窑炉和民用锅炉。自20世纪70年代石油危机以来，世界主要一些发达国家，如美国、日本、意大利、瑞典、俄罗斯等，都相继投入到水煤浆技术的研究和开发上来，目前这项技术已经成熟，并进入普遍应用阶段。发展水煤浆产业对煤炭产品的升值、能源结构的优化、节约石油等，具有重大意义。

目前，学术界普遍认为，从战略上看，中国煤炭资源丰富，要充分发挥煤的作用。中国燃料在相当长的时期要依靠煤，要把水煤浆作为一个战略问题来考虑，这是一件具有战略意义的洁净能源。随着近几年石油价格的波动，水煤浆已走出试验室，占领部分石油市场。

（1）流体

流体是液体和气体的总称，是由大量的、不断地作热运动而且无固定平衡位置的分子构成的，它的基本特征是没有一定的形状和具有流动性。流体都有一定的可压缩性，液体可压缩性很小，而气体的可压缩性较大，在流体的形状改变时，流体各层之间也存在一定的运动阻力。

（2）雾化

雾化指通过喷嘴或用高速气流使液体分散成微小液滴的操作。被雾化的众多分散液滴可以捕集气体中的颗粒物质。液体雾化的方法有压力雾化、转盘雾化、气体雾化及声波雾化等。

（3）工业窑炉

工业窑炉是用耐火材料砌成的用以煅烧物料或烧成制品的设备。按煅烧物料品种可分为：陶瓷窑、水泥窑、玻璃窑、搪瓷窑、石灰窑等。一般大型窑炉燃料多为重油、轻柴油或煤气、天然气。

37
水煤浆的质量特征

　　水煤浆同一般的煤泥水不同，因为它是一种燃料，所以必须具备某些便于燃烧、使用的性质，主要有：

　　为利于燃烧，水煤浆的含煤浓度要高，通常要求在62%~70%。

　　为便于泵送和雾化，水煤浆黏度要低。通常要求在100（1/秒）剪切率及常温下，表观黏度不高于1000~1200毫帕秒。

　　为防止在贮运过程中产生沉淀，水煤浆应有良好的稳定性，一般要求能静置存放一个月不产生不可恢复的硬沉淀。

　　为提高煤炭的燃烧效率，其中煤粒应达到一定的细度，一般要求粒度上限为300微米，其中小于200网目（74微米）的含量不少于

🔎 汽车运煤

75%。

水煤浆能满足其中单项的性能比较容易，但要同时满足各项要求则是比较困难的，因为有些性能间是相互制约的。例如，要使水煤浆中含煤浓度高，就不能多用水；水少了，又会引起黏度高，流动性差；要流动性好，黏度就应低，但黏度低又会使稳定性变差。所以它的制备技术难度大，涉及煤化学、颗粒学、胶体与有机化学及流变学等多学科技术。

高浓度水煤浆的制备技术，在20世纪80年代初期只有瑞典和美国掌握，并严加保密。由于引进技术代价太高，1982年中国开始自主研制。

（1）表观黏度

表观黏度，又称视黏度、有效黏度，是指流体流动中给定应变速率下的应力与应变速率之比值。它只是对流动性好坏作一个相对的比较。在发动机油上，它可以预测出由于发动机油泵送性能不足而引起的故障。

（2）流变学

流变学是力学的一个新分支，它主要研究物理材料在应力、应变、温度、湿度、辐射等条件下与时间因素有关的变形和流动的规律。其研究对象主要是流体，还有软固体，或者在某些条件下固体可以流动而不是弹性形变，它适用于具有复杂结构的物质。

（3）胶体

胶体又称胶状分散体，是一种均匀混合物，在胶体中含有两种不同状态的物质，一种分散，另一种连续。分散的一部分是由微小的粒子或液滴所组成，分散质粒子直径在1~100纳米之间。胶体是一种分散质粒子直径介于粗分散体系和溶液之间的一类分散体系，这是一种高度分散的多相不均匀体系。

38
水煤浆既节能又环保

🔍 煤炭

　　作为最现实的洁净煤技术，水煤浆技术给我们带来了清洁、廉价的新型能源，既保护了环境，又充分利用了中国的煤炭资源。水煤浆技术通过将原煤研成粉末，使用特殊技术脱去原煤中部分产生污染的物质（如硫、磷等），从而制成液态的水煤浆。与原煤相比，水煤浆大大降低了损耗和污染，提高了燃烧效率，而且还可以利用工业废水制浆，达到以废制废的最佳效果。实践证明，水煤浆在锅炉和窑炉中的燃烧效率可高达99%，而燃用水煤浆的运行成本仅仅占成本的1/3。

　　在如今国家既重视环保，又重视能源安全、减少原油进口的情况下，水煤浆技术的应用，给企业的节支、环保指出了一条新路，国家对此非常重视，经贸委正在酝酿对水煤浆的优惠政策，以便逐步推广。使用水煤浆所产生的环境效益也引起了地方各级领导和有关企业的关注，其直接的经济效益也显而易见：以产生同样的热量计算，如果用煤的成本是1元钱，使用水煤浆则为两元钱，用油为4元钱，用气为6元钱，如果中国现在有的燃油锅炉改烧水煤浆，每年则可节约160亿元人民币，节约下来的石油还可以作为化工原料再利用。单以北京燕山石化已经安装的一台水煤浆锅炉设备计算，即可比用油每年节约7000万元。

中国10万吨以下的锅炉约70万台，大多数锅炉的烟尘排放不符合环保标准，运行效率低，如果改烧水煤浆，既环保，又节能，这是一笔可观的数字。

（1）工业废水

工业废水包括生产废水和生产污水，是指工业生产过程中产生的废水和废液，其中含有随水流失的工业生产用料、中间产物、副产品以及生产过程中产生的污染物。

（2）燃油锅炉

燃油锅炉是指燃料使用燃油的锅炉，包括柴油、废油等油料的锅炉。燃油锅炉的总体布置与燃煤锅炉相类似，只是燃油锅炉炉膛底部多做成向后墙倾斜10°~30°的保温炉底，以获得良好的燃烧特性。为了使燃料油能雾化，油燃烧器的喷油嘴有两类：机械离心式喷油嘴和蒸汽雾化"Y"型喷油嘴。

（3）燕山石化

燕山石化公司成立于1970年，是中国石化集团北京燕山石油化工有限公司和中国石油化工股份有限公司北京燕山分公司的简称，两个企业实行"一套班子，两块牌子"运行，业务独立核算，油化一体。燕山石化坐落于北京市房山区，地处京广线旁边，具有十分便利的陆路、铁路运输条件。

39
把煤变成气

褐煤、烟煤和无烟煤等，无论是哪种煤，全都是固体，使用和运输都不方便。直接烧煤，热效率低，浪费大，同时还会放出二氧化硫和氧化氮等有害气体，严重污染环境。

为了改变以上状况，最好的办法就是把固体的煤炭变成气体或者液体来使用，这样既可以提高热效率，又不会污染环境。

煤的气化，就是借助水蒸气、空气或者氧气等气体，在高温条件下，把煤炭里的大分子结构打碎，变成小分子的可以燃烧的气体。

煤的气化，可以追溯到

 矿工

1883年，英国建起的世界上第一个大型气化炉，即伍德炉。到今天为止，人类探索研究煤的气化工艺不下几百种。20世纪30年代，德国发明了温克勒流化床化炉和鲁奇加压气化炉，用来生产城市煤气。第二次世界大战期间，为了军事上的需要，德国曾经用煤气化所生产的气体合成了汽油。20世纪60年代以后，进入了天然石油时代，气化用的大部分原料就从固体的煤炭转向液体石油。1973年以后，由于天然石油供应紧张，因此，煤的气化技术的研究又进入一个新的历史阶段。

在煤的气化工业中，从煤里提取出来的煤气，有的用作燃料，成为优质高效、无污染的能源，有的成为化工原料，制成各种化工产品。

（1）气化炉

气化炉是一种具有环保、节能、清洁，适应广大农村、乡镇农户使用的燃具。气化炉又叫秸秆制气炉，是利用秸秆等生物质通过密闭缺氧、采用热解法及热化学氧化法后产生的一种用可燃气体作为燃料的炉子。

（2）中国主要煤城

中国主要煤城有河北省的开滦、峰峰；山西省的大同、阳泉、西山；辽宁省的阜新；黑龙江省的鸡西、鹤岗；江苏省的徐州；安徽省的淮北、淮南；河南省的平顶山；山东的兖州。

（3）石油

石油又称原油，是一种黏稠的深褐色液体。它是古代海洋或湖泊中的生物经过漫长的演化形成的，属于化石燃料。石油主要被用来作为燃油和汽油，也是许多化学工业产品如溶液、化肥、杀虫剂和塑料等的原料。

40
燃料气和化工气

如果气化所生产的煤气是用来作燃料，那就必须使煤中的碳同水蒸气的氧发生化学反应，即以碳氧的反应为主，首先生成氧化碳，然后让它再同水蒸气继续发生化学反应，生成氢气和二氧化碳混合气体，经过洗涤，除去二氧化碳，剩下比较纯净的氢气。最后，它再同煤中的碳发生化学反应，生成的就是人们需要的气体燃料——甲烷气。

🔍 蜂窝煤

如果气化生产的煤气是用来作化工原料，就应该减少甲烷的含量，增加氢气的含量。

气化的初期阶段，大部分灰分变成了灰渣，从气化炉下面排出去了，只有少部分灰分和氮、硫等元素一起参加化学反应过程。为了保证气化煤气的质量，减少环境污染，必须把煤气再做净化处理。

一般来说，人们把中热值煤气和高热值煤气用于城市煤气，低热值煤气可用在化工合成上，也可用作联合循环发电的燃料。

（1）甲烷气

甲烷气在自然界分布很广，是天然气、沼气、油田气及煤矿坑道气的主要成分。它可用作燃料及制造氢气、碳黑、一氧化碳、乙炔、氢氰酸及甲醛等物质的原料。其化学符号为CH_4。

（2）气体燃料

气体燃料指在常温下为气态的天然有机燃料及气态的人工燃料。气体燃料具有下列优点：可用管道进行远距离输送，不含灰分，着火温度较低，燃烧容易控制，可利用低级固体燃料制得等；缺点是所用的贮气柜和管道，要比相等热量的液体燃料所用的大得多。

（3）联合循环

联合循环就是将燃气轮机排出的"废气"引入余热锅炉，加热水产生高温高压的蒸汽，再推动汽轮机做功。联合循环相当于将燃气轮机的布雷顿循环和汽轮机的朗肯循环联合起来，形成能源梯级利用的总能系统，达到极高的热效率（约60%），大多应用于发电行业。

41

煤、石油、天然气的成因及联系（一）

为什么煤炭能够制成类似天然气或石油制品一样的燃料呢？

从煤、石油、天然气的成因来说，它们都是在太阳能的作用下，生物得以生存、繁殖，然后死亡，遗体在地层内经高温、高压后转变而成的。

煤是古代植物经过漫长的地质年代而形成的。在地质历史上，某些时期的环境对煤的形成非常有利，例如，地球上的气候温暖而潮湿，大气中二氧化碳的含量可能也很高，地面上到处生长着茂密的植物（如陆生羊齿类等高等植物），形成大森林，在海滨和

◎ 煤气罐

内陆湖里，也生长着大量的低等植物（如藻类、芦苇、蒲草以及浮游生物等）。后来由于地壳变动，这些植物就一批批地被埋在地面的低凹地区，湖里和海洋的边缘地带。这些被泥沙掩埋在地下的植物，长期受着压力、地下热力和厌氧细菌（能在没有自由氧的条件下生存的细菌）的作用，其中所含的氧、氮及其他挥发性能物质逐渐逸出，剩余物中碳的含量越来越高，这样就形成了煤。

（1）地质年代

地质年代就是指地球上各种地质事件发生的时代。它包含两方面含义：其一是指各地质事件发生的先后顺序，称为相对地质年代；其二是指各地质事件发生的距今年龄，由于主要是运用同位素技术，称为同位素地质年龄。这两方面结合，才构成对地质事件及地球、地壳演变时代的完整认识。

（2）高等植物

高等植物是苔藓植物、蕨类植物和种子植物的合称，形态上有根、茎、叶分化，又称茎叶体植物，构造上有组织分化，多细胞生殖器官，合子在母体内发育成胚，故又称有胚植物。

（3）浮游生物

浮游生物指在海洋、湖泊及河川等水域的生物中，自身完全没有移动能力，或者有也非常弱，因而不能逆水流而动，而是浮在水面生活的生物。浮游生物是根据其生活方式的类型而划定的一种生态群，它不是生物种的划分概念。

煤、石油、天然气的成因及联系（二） **42**

🔎 老煤气站

　　石油和天然气的形成过程比煤复杂得多，但它们仍是古代的动植物体演化而成的。在很古老的地质历史时期，许多近水的低洼地带和湖泊、浅海，生活着大量的动植物。这些生物死亡后，随着泥沙一起沉积在海边或湖底，经过漫长的岁月被泥沙遮盖，逐渐形成有机淤泥。在与外界空气隔绝的情况下，由于地下深处的高压、高温和某些厌氧细菌的作用，有机物中的硫、氧、氮、磷等成分被分离出来，而碳、氢成分高度集中，逐渐转化为液态油滴和天然气。由于地下水的流动或压力作用，分散的油滴向多孔隙和有裂隙的岩层流动，油滴聚积起来就会形成油田和天然气田。

如此说来，煤、石油、天然气都是生物经过长时期的地质作用形成的。而且它们的成分都是碳和氢的化合物，这就是它们的共同特点。

煤、石油、天然气主要成分都是碳氢化合物，不过有着含量上的和结构上的差别。煤中含有80%~85%的碳，4%~5%的氢，剩下的是杂质；石油中含有85%的碳，13%的氢以及2%的其他元素；天然气主要成分是甲烷，甲烷中75%是碳，25%是氢。可见碳氢化合物中随着氢含量的不同，其形态也有所不同。

因此，人们在煤中加入一定重的氢，就可以获得人造汽油、人造柴油或气体燃料。

（1）浅海

浅海指大陆周围较平坦的浅水海域，即大陆架，其平均宽度75千米，深度从数十米到几百米不等，平均为130米左右，占海洋总面积的7.6%。浅海带阳光充足，植物茂盛，各种底栖、浮游生物大量繁殖，其种类和数量大大超过其余各带。

（2）有机淤泥

有机淤泥指的是在静水和缓慢的流水环境中沉积并含有机质的细粒土。其天然含水量大于液限，天然孔隙比大于1.5。当天然孔隙比小于1.5而大于1时，称淤泥质土。在淤泥上进行建筑时必须采取人工加固措施，如压密、夯实，用垂直砂井排水，加速淤泥固结。

（3）柴油

柴油，又称油渣，是石油提炼后的一种油质的产物。它由不同的碳氢化合物混合组成。它的主要成分是含10~22个碳原子的链烷、环烷或芳烃。它的化学和物理特性介于汽油和重油之间，沸点在170~390℃间，密度为0.82~0.845千克/升。

43
煤气化产物的特点（一）

　　目前，气化燃料很多，例如天然气、液化石油气、油制气、沼气等，煤的气化产物与其他气化燃料相比，有哪些不同之处呢？

　　天然气。天然气是蕴藏于地层中的烃和非烃气体的混合物，包括油田气、气田气、煤层气、泥火山气和生物生成气等。当前人们已发现和利用的天然气有六大类：油型气、煤成气、生物成因气、无机成因气、水合物气和深海水合物圈闭气。我们日常所说的天然气，是指

 液化石油气库

常规天然气，包括油型气和煤成气。这两类天然气的主要成分是甲烷等烃类气体。天然气中还有一些非烃类气体，如氨气、二氧化碳、氢气和硫化氢等。天然气的甲烷含量最多，这种气体比空气轻0.6倍。

液化石油气。液化石油气的主要成分是丙烷、丁烷、丙烯、丁烯，并含有少量戊烷、戊烯和微量硫化物杂质。

从以上可以看出，煤炭气化的产物与其他气体燃料在成分上是不同的，它主要的可燃成分是一氧化碳和氢。

（1）液化石油气

液化石油气指炼厂气、天然气中的轻质烃类，在常温、常压下呈气体状态，在加压和降温的条件下，可凝成液体状态，它的主要成分是丙烷和丁烷。用液化石油气作燃料，由于其热值高、无烟尘、无炭渣，操作使用方便，已广泛地进入人们的生活领域。

（2）沼气

沼气，顾名思义就是沼泽里的气体。人们经常看到，在沼泽地、污水沟或粪池里，有气泡冒出来，如果我们划着火柴，可把它点燃，这就是自然界天然发生的沼气。沼气是各种有机物质，在隔绝空气（还原条件）并在适宜的温度、湿度下，经过微生物的发酵作用产生的一种可燃烧气体。

（3）煤层气

煤层气是指赋存在煤层中以甲烷为主要成分，以吸附在煤基质颗粒表面为主、部分游离于煤孔隙中或溶解于煤层水中的烃类气体，是煤的伴生矿产资源，属非常规天然气，是近一二十年在国际上崛起的洁净、优质能源和化工原料。

44

煤气化产物的特点（二）

🔍 沼气池

　　煤气化的产物是由氢、一氧化碳和甲烷等可燃的混合气体组成的。煤气化，就是用蒸汽、氧气或空气为气化剂，在高温下与煤发生化学反应生成的气体产品，包括城市民用和工业用燃料气、发电燃料气、化工原料气等。

　　下面简单说明煤炭在气化过程中的几个基本反应，从中可以了解到可燃物质的形成情况：

　　煤的热解挥发反应。燃料煤投进气化装置后，第一个反应是被加热分解，挥发分先放出来：

煤+热→C（焦炭）+CH$_4$（甲烷）+HC（焦油）

燃烧氧化反应。煤中的碳和氢被氧化剂中的氧所氧化，燃烧放热生成二氧化碳和水蒸气：

$$C+O_2 \rightarrow CO_2$$

$$H_2+1/2O_2 \rightarrow H_2O$$

气化还原反应。由于气化过程是在缺氧状态下进行的，碳本身是个强还原剂，燃烧产物二氧化碳和水蒸气通过煤层中的碳层时，即被碳还原，从它们中间夺走了氧，吸热生成一氧化碳和氢。

氢化反应。氢与燃料中的碳缓慢放热形成甲烷：

$$C+2H_2 \rightarrow CH_4$$

（1）热解挥发反应

热解挥发反应指物质受热发生分解的反应过程。许多无机物质和有机物质被加热到一定程度时都会发生分解反应。热解过程不涉及催化剂以及其他能量。

（2）氧化反应

氧化反应指物质与氧发生的化学反应。氧气可以和许多物质发生化学反应。根据氧化剂和氧化工艺的不同，氧化反应主要分为空气（氧气）氧化和化学试剂氧化。化学试剂氧化具有选择性好、过程简单、方便灵活等优点。在医药化工领域，由于产品吨位小，因此多用化学试剂氧化法。

（3）还原反应

还原反应就是物质（分子、原子或离子）得到电子或电子对偏近的反应，即含氧化合物中（或氧化反应后）的氧被夺去的反应过程。在该反应中，自身被氧化的物质称为还原剂。

45
煤的气化工艺

经过科学家们一个多世纪的探索和研究，煤的气化工艺不下数百种之多。人们根据制取煤气的用途，比如是用来作燃料，还是作化工原料，同时还要看用的是哪种煤，煤的粒度、黏结性和灰分的性质等，来选择煤气化的工艺类型。

关于气化工艺的分类和叫法也比较复杂。按照原料煤的形态来分，固体的就叫固体燃料气化；固体和液体混合的，就叫固液混合燃

 烟煤

料气化。

按照气化炉里的原料送进去的气体的运动状态来分类，如果送到气化炉里的气体的上升速度比较低，煤粒就像沸腾的米粥一样，悬浮在气流当中，这种炉子就叫沸腾床气化炉，或者叫流化床气化炉。如果送进炉子里的气体的速度更高的话，煤末和气流进行气化，这种气化炉就叫喷流气化炉。

（1）工艺

工艺是劳动者利用生产工具对各种原材料、半成品进行增值加工或处理，最终使之成为制成品的方法与过程。制定工艺的原则是技术上的先进和经济上的合理。

（2）悬浮

悬浮指固体微粒分散在流体中。例如，以固体微粒为分散相的液溶胶称为悬浮液或悬浊液。固体悬浮的操作范围很广，颗粒的自由沉降速度为0.025~0.1米/秒，而固体浓度可高达50%（质量分数）。

（3）流化床

流化床是指当空气自下而上地穿过固体颗粒随意填充状态的料层，而气流速度达到或超过颗粒的临界流化速度时，料层中颗粒呈上下翻腾，并有部分颗粒被气流夹带出料层的状态。

46
煤的气化原理

　　当前，煤的气化方法已经引起世界各国的关注，特别是像中国、美国等煤储量十分丰富的国家，更是特殊加以关照。这是因为煤的气化能够提高热的有效利用率，对环境的污染也小，并可充分利用低值高硫的煤炭资源。

　　煤的气化是按煤与温度为500~1500℃气流反应这一工艺流程而命名的。煤的气化是在缺氧状态下，煤受热后挥发分被干馏，产生热分解的碳氢化合物和焦油，剩余的碳与水发生作用，产生一氧化碳和氢等可燃气体。

🔎 运煤船

煤的气化与煤被高温干馏分解的流程不同。高温分解技术是制造焦炭的基础，并可制造民用煤气。实际上，高温分解与气化的区别又是比较模糊的。因为，在多数高温分解过程中，煤气产量的大小与充气量有关，而在气化流程中，产气量的大小又要依靠高温分解气体的多少来决定。

煤的气化过程中所需要的气化剂有两种：一种是以空气、氧气、蒸汽、二氧化碳、氮气或是它们的混合物的组合；另一种是以氢气、蒸汽、二氧化碳、氮气或是它们的混合物的组合。后面这种组合用于加氢气化，以提高氢碳比中的氢的比例，提高热值，主要的产物是甲烷。

（1）干馏

干馏是固体或有机物在隔绝空气条件下加热分解的反应过程。干馏的结果是生成各种气体、蒸汽以及固体残渣。气体与蒸汽的混合物经冷却后被分成气体和液体。干馏是人类很早就熟悉和采用的一种生产过程，如干馏木材制木炭，同时得到木精（甲醇）、木醋酸等。

（2）焦油

焦油又称煤膏，是煤干馏过程中得到的一种黑色或黑褐色黏稠状液体，具有特殊的臭味，可燃并有腐蚀性。煤焦油含有上万种成分，其中很多有机物是生产塑料、合成纤维、染料、橡胶、医药、耐高温材料等的重要原料。因此，煤焦化工业以其不可替代性在21世纪煤化工中占有重要位置。

（3）氮气

氮气常温下是一种无色无味的气体，通常无毒，是空气的主要成分。氮气常温下为气体，在标准大气压下，冷却至-195.8℃时，变成没有颜色的液体。氮气的化学性质很稳定，常温下很难跟其他物质发生反应，但在高温、高能量条件下可与某些物质发生化学变化。

47
煤的气化产物

🔎 煤矿入口

　　煤的气化产物，以空气加蒸汽为气化剂时，煤气中按体积计算，它的成分是：一氧化碳（CO），17%；二氧化碳（CO_2），13%；氢（H_2），25%；甲烷（CH_4），4%；氮（N_2），41%；此外，还有微量的蒸汽、气态沥青焦油、液态碳氢化合物、酚、脂肪酸和氨。煤中的硫则以95%的硫化氢（H_2S）、5%的有机硫形式存在。

　　煤通过气化过程可以将高硫、高灰分、低发热量的劣质燃料——褐煤、石煤、次烟煤、油页岩、沥青等高效率地气化，经脱硫、脱氮、除尘后转化为无公害的清洁气体燃料。

按照使用的气化剂和煤气的热值，基本上可将煤的气化分成两大类：

第一类，氧气+蒸汽的气化剂，产生高热值的合成天然气，可供天然气管线使用；中热值供化工原料用的煤气或作供热、发电的燃料。

第二类，空气+蒸汽的气化剂，产生低热值煤气，用于供热、发电的燃料。

（1）沥青

沥青是由不同分子量的碳氢化合物及其非金属衍生物组成的黑褐色复杂混合物，呈液态、半固态或固态，是一种防水、防潮、防腐的有机胶凝材料，用于涂料、塑料、橡胶等工业以及铺筑路面等。

（2）脂肪酸

脂肪酸是指一端含有一个羧基的长的脂肪族碳氢链，是有机物。低级的脂肪酸是无色液体，有刺激性气味；高级的脂肪酸是蜡状固体，无可明显嗅到的气味。脂肪酸是最简单的一种脂，在有充足氧供给的情况下，可氧化分解为二氧化碳和水，释放大量能量，因此脂肪酸是机体主要能量来源之一。

（3）油页岩

油页岩是一种高灰分的含可燃有机质的沉积岩，它和煤的主要区别是灰分超过40%。油页岩属于非常规油气资源，以资源丰富和开发利用的可行性而被列为21世纪非常重要的接替能源，它与石油、天然气、煤一样都是不可再生的化石能源。

48

煤的地下气化

煤的地下气化是让埋在地层下的煤，在地下煤层中直接气化后引出煤气。其原理是：先从地面打钻井到煤层，通过钻井压入空气将煤点燃，煤层部分不完全燃烧，形成煤气，气化区域产生的煤气从附近的另一钻井引出抽回地面；或者从地面压入高压氢气，使氢气渗入煤层，在高温下煤和氢气反应生成气体燃料。这种地下气化法不需要复杂的采掘机械，不需要挖坑道、设竖井，工人不需要地下作业，劳动强度低，工作条件获得很大改善。尤其对于薄煤层、深煤层和劣质煤

🔎 煤矿矿坑

矿很有吸引力。煤能够在地下气化，这是煤炭工业的一场革命。目前的困难在于地下反应不易控制，煤气产量不稳定，另外对地下水的污染问题还没有解决。

煤的地下气化，是1863年英国学者威廉西门最早提出来的。在这一百多年的时间里，世界各国，特别是美国、英国、德国、日本、法国等均进行了煤炭地下气化试验。目前有的国家已开始深层煤炭地下气化试验。

（1）钻井

钻井是利用机械设备，将地层钻成具有一定深度的圆柱形孔眼的工程。钻井直径和深度的大小，取决于钻井用途及矿产埋藏深度等。钻探石油、天然气以及地下水的钻井直径都较大。钻井通常按用途分为地质普查或勘探钻井、水文地质钻井、水井、工程地质钻井、地热钻井、石油钻井、煤田钻井等。

（2）坑道

坑道是勘探和开采时在矿体或围岩中开凿成的空洞，又称巷道或井巷。坑道是开发矿产资源的基本建设工程，也是生产矿山进行采矿准备和生产探矿的主要工程。坑道既可用于运输矿石、废石、材料、设备以及通风排水和行人等，又为回采工作创造必要的条件。

（3）煤炭工业

煤炭工业是从事资源勘探、煤田开发、煤矿生产、煤炭贮运、加工转换和环境保护的产业部门。煤炭是世界上储量最多、分布最广的燃料资源。据世界能源委员会发表的《1992年世界能源资源调查》，1990年，全世界76个国家和地区有煤炭资源，世界煤炭可采储量为1 039 180兆吨。

49
煤炭地下气化的方法

🔍 煤气厂

煤炭地下气化的方法有以下几种：

钻孔贯通法。在地面上打两个钻孔直达煤层，通过反向燃烧注入高压空气等方法使煤层中形成通道。贯通后气化燃烧面会调转推进方向，逐步扩大和推移贯通通道，从而不断产生低热值煤气，由出气孔集中导输到地面。该方法的关键在于两钻孔间的气流控制和煤的有效利用率。生产低热值煤气可供发电和用作燃料。

充填床法。先对煤层进行震动爆破，使煤层松散，形成透气性的气化反应区，再沿四周从地面打若干入气孔到煤层顶部，并打集气孔直达煤层底部。从入气孔送入气化剂点燃煤层顶部，使其燃烧形成气化带逐步向下和向外扩展，不断生产煤气，通过煤层底部的集气孔送往地面。该方法用空气和水蒸气鼓风生产，其成分主要是甲烷、一氧化碳、水蒸气和氧气的中热值煤气，经地面处理后的管道煤气热值可达3.56×10^7焦/米³。

壁炉法。壁炉法是利用钻孔和煤层本身的自然裂隙的透气性直接气化。从地面通向煤层的钻孔群是互相平行的定向斜孔，横卧于煤层内，形成长壁炉体，在一对入气孔间点燃煤层，形成气化带，通过邻近的集气孔向地面输送煤气。

倾斜煤层气化法。沿煤层倾角在煤层中打一排平行钻孔作为集气孔，并使底端贯通，在煤层中形成水平通道。再从地面打垂直钻孔，使其恰巧与煤层底部水平通道相通，作为初期进气孔。气化时先在水平通道将煤层点燃，用垂直孔输入空气，由沿煤层的集气孔把煤气输往地面。

（1）震动爆破

震动爆破指在石门揭穿突出危险煤层或在突出危险煤层中采掘时，用增加炮眼数量、加大装药量等措施诱导煤和瓦斯突出的特殊爆破作业。其结果是使地底下的煤层变得松散。

（2）鼓风

鼓风指在金属冶炼中，为了使燃料充分燃烧，以提高炉温的一种方法。最早的鼓风器称为橐，是一种皮囊。中国在鼓风技术方面最重要的发明是活塞式风箱，活塞式风箱可能出现于唐代或宋代。

（3）裂隙

裂隙是指固结的坚硬岩石（沉积岩、岩浆岩和变质岩）在各种应力作用下破裂变形而产生的空隙，按成因可将裂隙分为构造裂隙和非构造裂隙两类。其中，构造裂隙按力学性质可分为张性裂隙和扭（剪）性裂隙两种。

50
煤矿瓦斯的生成

　　采煤矿的工人在井下采煤时，最大的危害来自于瓦斯突发或爆炸、涌水和塌顶等。矿井下煤层里的瓦斯气体，突然像一阵飓风，卷着大量煤粉和碎石，呼啸而出，巷道里随着瓦斯的剧增，一声闷响，瓦斯爆炸了，瓦斯突发或瓦斯爆炸，都会对采煤工人造成伤害甚至死亡。

○ 巷道

　　瓦斯爆炸是采煤业最常见的一种地质灾害，也是这个行业的一大难题，那么瓦斯从何而来呢？原来，瓦斯在科学家的词汇里又叫煤层气，它是古代植物遗骸在转化成煤的过程中形成的。也就是说，瓦斯是腐殖质在煤化变质过程中的热分解产物。人们还发现，煤化变质程度越高，释放出来的瓦斯也就越多。形成一吨褐煤，约释放出38~68立方米的瓦斯；而形成一吨无烟煤，则能产生346~422立方米的瓦斯。

（1）瓦斯

　　瓦斯是古代植物在堆积成煤的初期，纤维素和有机质经厌氧菌的作用分解而成的。在高温、高压的环境中，在成煤的同时，也可以生成瓦斯。瓦斯是无色、无味的气体，难溶于水，不助燃也不能维持呼吸，达到一定浓度时，能使人因缺氧而窒息，并能发生燃烧或爆炸。

（2）地质灾害

　　地质灾害是指在自然或者人为因素的作用下形成的，对人类生命财产、环境造成破坏和损失的地质作用（现象），如崩塌、滑坡、泥石流、地裂缝、水土流失、土地沙漠化及沼泽化、土壤盐碱化、地震、火山、地热害等。

（3）煤化

　　煤化指泥炭或腐泥转变为褐煤、烟煤、无烟煤的地球化学作用。煤化作用是成煤作用的第二阶段，以物理化学作用为主。煤化作用包括成岩作用和变质作用两个阶段。

51
瓦斯的功与过

　　煤层里的瓦斯为什么会突发或爆炸呢？那些埋藏深、顶底板封闭比较好的煤层，平均每吨煤中可含几十立方米的瓦斯，这样的煤层一旦开采，压力降低，煤层受到震动，淤积在煤层中的瓦斯便会骤然释放出来，造成瓦斯突出或爆炸，酿成大祸。

　　然而，被人们视为祸端的瓦斯，尽管对采煤业来说是一个难以避免的隐患，但若对其处理得当，不但可以"改邪归正"，甚至还可以化害为利，为人类造福，这就是所谓的"祸为福所依"了。

　　据现代煤炭科学家研究，瓦斯是一种高效、优质、清洁、污染少的理想民用燃料和化工原料。合理开发利用瓦斯，不但有利于煤矿的安全生产，又能充分利用天然资源，还可为矿山增加收入，可谓一举多得的好事。

　　目前，世界各国对煤成气的研究制用都很重视，中国也开始做出了有益的利用。在抚顺、焦作、鹤壁、阳泉等矿，采煤之前先抽取瓦斯，并用管道输送到工厂和千家万户。从1981年以来，每采一吨煤，可抽用0.5立方米的瓦斯。

铁路煤炭运输

（1）瓦斯爆炸

瓦斯爆炸是一种热—链式反应（也叫链锁反应）。瓦斯爆炸就其本质来说，是一定浓度的甲烷和空气中度作用下产生的激烈氧化反应。瓦斯爆炸的条件是：一定浓度的瓦斯、高温火源的存在和充足的氧气。

（2）抚顺

抚顺市位于辽宁省东部，距省会沈阳市45千米，与吉林省接壤，为中国北方重要的工业基地。抚顺市是沈阳经济区副中心城市，中国具有立法权的十三个较大的市之一，全国十大工业城市之一，中国重要的工业基地，素有"煤都"之称。

（3）阳泉

阳泉位于山西省东部，是一座新兴工业城市，是晋东政治、经济、文化中心，是全国重要的矿产集中区，境内矿藏资源丰富，开发历史悠久，素有"煤铁之乡"之称。

52
瓦斯的危害与预防

瓦斯是煤矿安全生产中的重大隐患之一。当空气中的瓦斯含量达到43%，氧含量降低到12%时，就会使人窒息；瓦斯含量达到57%，氧含量降到9%，在短时间内会致人死亡。如果瓦斯与空气混合后的浓度在5%~16%之间，温度达到燃点（650℃）以上时，则会发生剧烈爆炸；当地下瓦斯因煤炭采掘等原因快速聚集，就可能引发矿井中的煤与瓦斯突出，造成国家和人民生命财产的巨大损失。

瓦斯突发或爆炸的危害极其严重，但却是可以预防的。分析表明，瓦斯爆炸必须具备三个条件：第一是高浓度的甲烷。瓦斯爆炸的浓度界限为下限5%，上限14%~16%，爆炸

采煤

威力最强的浓度为9.5%。当浓度低于5%时，遇火可以燃烧，发淡蓝色火焰；浓度高于16%时，遇火不爆炸也不燃烧。但瓦斯爆炸的界限可随其他条件变化而上下移动。瓦斯爆炸的第二个条件是高温火源的存在。明火、煤层自燃、电火花、炽热的金属表面、吸烟和摩擦产生的火花等，均可引燃瓦斯，并导致瓦斯爆炸。第三个条件是氧浓度必须高于12%。实验表明，氧浓度低于12%的瓦斯混合气体会失去爆炸性。

预防瓦斯爆炸的措施主要有：加强通风，防止瓦斯积聚，在特殊情况下可采取抽放方式释放矿井、采区或工作面的超限积存瓦斯；杜绝一切非生产需要的火源，防止瓦斯引燃；如有意外情况发生，应按规程条例将事故限制在局部范围内，防止事故扩大化。

（1）窒息

窒息指人体的呼吸过程由于某种原因受阻或异常，所产生的全身各器官组织缺氧，二氧化碳潴留而引起的组织细胞代谢障碍、功能紊乱和形态结构损伤的病理状态。

（2）自燃

自燃是指可燃物在空气中没有外来火源的作用，靠自热或外热而发生燃烧的现象。根据热源的不同，物质自燃分为自热自燃和受热自燃两种。使某种物质受热发生自燃的最低温度就是该物质的自燃点，也叫自燃温度。

（3）瓦斯积聚

瓦斯积聚是指体积大于0.5立方米的空间内积聚的瓦斯浓度达到2%的现象。为了防止瓦斯积聚，每一矿井必须从生产技术管理上尽量避免出现盲巷，临时停工地点不准停风，并加强通风系统管理，严格执行瓦斯检查制度，及时安全地处理积聚瓦斯。

53
瓦斯的开发利用

　　瓦斯的开发是一个仍在探索中的问题。长期以来，人们一直是采用负压方式将煤层采掘过程中释放的瓦斯抽放到地表，目的是为了解决煤矿安全生产问题。中国的瓦斯抽放已有半个世纪的历史，抽放井数不断增加，大大减少了瓦斯突出、爆炸的灾害发生。

　　瓦斯的产业化开发是美国在20世纪70年代末80年代初开始进行的。由于受技术限制，当时单井的日产气量很低，一般为2000立方米。20世纪80年代以来，美国天然气研究所和美国钢铁公司合作开展了为期4年的多煤层完井项目研究，在钻井、完井等方面解决了储层保护、煤层钻井、煤层取芯等问题。通过项目的实施，使得浅层气的单井日产气量成倍增加，达3000~5000立方米，从而使瓦斯开采取得成功。

　　中国利用煤矿瓦斯的历史也比较久远。如山西省阳泉矿务局煤矿瓦斯的利用已有50年，通过局部试用、全面发展和推广城市煤气应用三个阶段后，以阳泉煤矿瓦斯抽排为气源，进行了大规模的煤气工程建设。从最初的坑口食堂、取暖、发电，到后来供应住宅宿舍、城市职工食堂、用气，再后来还建起了炭黑工厂和甲醛厂等。

　　瓦斯的开发利用，既可给人民生活带来方便，又促进工业生产，在节约煤炭的同时还能减轻城市污染，从而在一定程度上达到化害为利、变废为宝的目的。

（1）完井

完井是钻井工程的最后环节。在石油开采中，油、气井完井包括钻开油层、完井方法的选择和固井、射孔作业等。对低渗透率的生产层或受到泥浆严重污染时，还需进行酸化处理、水力压裂等增产措施，才能算完井。

（2）固井

固井指井壁筒沉到井底找正操平后，通过管路向井壁筒外侧与井帮之间的环形空间注入相对密度大于泥浆的胶凝状浆液，将泥浆自下而上地置换出来并固结井壁筒的作业。

（3）甲醛

甲醛是一种无色、有强烈刺激性气味的气体。甲醛在常温下是气态，通常以水溶液形式出现。甲醛易溶于水和乙醇，35%~40%的甲醛水溶液叫做福尔马林。

开采的煤炭

54

煤层气——潜在的能源

　　煤和煤系地层形成过程中产生的天然气，称为煤层气，俗称瓦斯，是一种高效、优质、清洁、无污染的理想民用燃料和化工原料。其成分是以甲烷为主的干气，重烃含量很少。1立方米煤层气产生约 3.56×10^7 焦热量，比1千克标准煤的热量还高。

　　煤层气是腐殖质在煤化变质过程中热分解的产物，随着煤化变质程度的增高，释放出来的气量也随之增加。煤化过程中形成的大量煤层气，大部分散佚在大气中。一部分以煤层本身为储气层，以吸附或游离状态赋存于煤层的孔隙、裂隙、缝隙中。这种气一般储量较小，每吨煤吸附的瓦斯量的多少，取决于煤的种类、温度、压力、裂隙度、埋藏深度、有无露头和相邻地层的渗透性等因素。另一部分煤层气则在适当的地质条件下，运移到其他地层，如砂岩、石灰岩中储存，在"生、储、盖"适合的条件下，便聚集成气藏。这种煤层气储量都较大，往往形成有工业价值的气田。

🔍 煤炭转运场

（1）干气

　　干气指天然气中甲烷含量在90％以上的气体。原油在常减压蒸馏、催化裂化、催化重整、加氢裂化及延迟焦化等工艺装置加工处理过程中都会产生烃类气体，这些气体经吸收稳定工序后，在一定压力下分离出干气与湿气。

（2）游离状态

　　游离状态也称为自由状态，是能以单质形式存在的物质状态，就好比油在水中一样。瓦斯的游离状态，即瓦斯以自由气体的状态存在于煤体的裂缝和孔隙之中。游离瓦斯能自游运动，并呈现出压力来。瓦斯含量的大小，主要决定于缝隙贮存空间的体积、瓦斯压力和温度。

（3）石灰岩

　　石灰岩简称灰岩，是以方解石为主要成分的碳酸盐岩，有时含有白云石、黏土矿物和碎屑矿物，有灰色、灰白色、灰黑色、黄色、浅红色、褐红色等颜色，硬度一般不大，与稀盐酸反应剧烈。

55
煤层气利用情况

　　据统计，全世界已探明的天然气和大气田绝大多数为煤层气类型，且特大气田的前五名都由煤层气形成。如苏联20世纪60年代发现的西西伯利亚特大型气田，可采储量达到18万亿立方米，占苏联天然气可采储量的70%，占世界天然气可采储量的22.7%，使苏联20世纪80年代的天然气储量和产量比20世纪50年代中后期猛增数十倍。又如荷兰东北部格罗宁根大气田，生气母岩就是上石炭纪含煤地层，目前已探明天然气储量超过2.2万亿立方米。该气田被发现后，使荷兰天然气产量增加486倍，从能源进口国一跃成为出口国。因煤层气田储量大，吸引着人们在有煤和煤系地层地区寻找天然气田。

　　目前，各工业国家在采煤的同时，都将抽放的瓦斯用管道输送出来加以利用，每年抽放量超过35亿立方米。

（1）母岩

　　母岩指在成矿过程中供给成矿物质或与成矿作用直接有关的岩石，如"矿源层"即沉积成因的母岩，超镁铁质岩是铬矿的母岩，基性岩是钒、钛铁矿的母岩，金伯利岩是金刚石矿的母岩，花岗岩是钨、锡的母岩等。

（2）煤系地层

煤系地层是指煤层所出的特定的岩石组合。煤系地层除产有煤外，常常还含有许多共生、伴生矿产。这些矿产对国民经济同样具有重要意义。

（3）天然气田

天然气田简称气田，是富含天然气的地域。通常有机物埋藏在1000~6000米深，温度在65~150℃，会产生石油，而埋藏更深、温度更高的会产生天然气。

🔍 煤矿女工

56
煤的液化基础

　　煤是一种高热值能源。作为一种燃料，煤与石油相比，无论从运输和储存方面来看，还是就其通用性而言，都有许多不足之处。

　　早在第一次世界大战期间，交战双方都深感石油的重要，贫油的德国用各种方法企图把煤变成石油一样的液体燃料，即人造石油。德国科学家的努力，为煤的液化奠定了初步基础。

　　煤的液化，就是在一定的工艺条件下，通过各种化学反应，把固体的煤炭变成液体的燃料。煤怎样能变成石油呢？原来煤和石油都是由碳、氢及少量其他元素组成，但这些元素的比例不同，煤的分子量也比石油大得多。只要设法改变碳氢比例，并将煤热解成较小的分子，煤就会变成石油一样的液体燃料。地质年代越浅的煤，元素组成与石油越相似，其液化也就越容易，如褐煤比烟煤、无烟煤容易液化。

　　再说得具体一些，虽然煤和石油的化学成分基本上相同，都是由碳、氢、氧等化学元素组成的。石油的主要成分是碳和氢，硫和氧的含量特别少。而煤却是一种复杂的混合物，它的分子量很大，是石油的10倍，甚至更多。

🔍 供暖用煤

（1）人造石油

人造石油是指用固体（如油页岩、煤、油砂等可燃矿物）、液体（如焦油）或气体（如一氧化碳、氢）燃料加工得到的类似于天然石油的液体燃料。其主要成分为各种烃类，并含有氧、氮、硫等非烃化合物。目前，世界上规模最大的人造石油工业在南非。

（2）分子

分子是能单独存在并保持纯物质的化学性质的最小粒子。分子是由原子组成的，单质分子由相同元素的原子组成，化合物分子由不同元素的原子组成。化学变化的实质就是不同物质的分子中各种原子进行重新结合。

（3）分子量

分子量指化学式中各个原子的相对原子质量（Ar）的总和。分子量也可看成物质原子的平均质量与碳−12原子质量的1/12的比值。由于分子量是相对值，所以为无量纲量，单位为1。

57
煤的液化原理

　　煤炭与石油所含的碳原子的数目和氢原子的数目之比各不相同，煤的碳、氢原子比大约是石油的两倍。但是，煤里的氧原子和氮原子的数目又比石油的多很多。另外，从分子结构上来看，煤里的碳原子主要是以环状形式结合在一起的，而石油的分子结构却主要是链条式。

　　因此，科学家就可以选择一定的条件，像高温、高压等，往煤的分子里加进大量的氢元素，把煤里的大分子变成小分子，使它的结构与石油差不多。这就是煤的液化原理。

　　煤的液化反应实际上很复杂。煤受热后有一部分直接变成油，一部分先变成一种不太稳定的中间产物——沥青烯，沥青烯再与氢气反应生成油。但煤并不是全部变成了油，其中那些不参加液化反应的物质也混在里面。因此液化反应以后，还得把这些东西从油里分离出去。这时所得到的液化油是暗褐色的，还不能直接用作燃料，需送到炼油厂再加工。

　　细心的人不难发现，在一块煤上有很多层，有的乌黑发亮，有的暗淡无光。在煤岩学上，那黑色发亮的部分叫亮煤，又叫镜煤。它很容易被液化，因此人们管它叫活性组分。那些不容易或不能被液化的部分，人们称它为惰性组分，惰性组分不能变成石油，最后变成渣子，可以用来制取氢气。

（1）沥青烯

沥青烯是煤直接液化后产物中分离出的物质，可溶于苯，但不溶于正己烷或环己烷。沥青烯是类似于石油沥青质的重质煤液化产物，是混合物，平均分子量约为500。

（2）炼油厂

炼油厂是将包装车间的废料、厨房的动物脂肪以及牲畜的肥肉或网油煎熬成工业脂肪、油类（如做肥皂用的牛脂）和各种其他产品（如肥料）的工厂，以及精炼或纯化石油的工厂的统称。

（3）镜煤

镜煤是光泽最强、性脆、常具有内生裂隙的煤岩成分，在煤层中呈厚几毫米到两厘米的凸镜状或条带状。镜煤与其他煤岩组分的界限明显，比其他三种煤岩组分的挥发分和氢含量高，黏结性强。

_O 露天煤矿

58
煤的液化技术（一）

　　煤的液化技术，从开发到现在，已经有近一个世纪的历史了，研究的工艺不下几十种，大体上可以分成两大类：一类是直接液化法；另一类是间接液化法。

　　直接液化法，就是把煤和溶剂混合在一起，制成稀粥一样的煤浆，经过加氢裂解反应，直接变成液体的油，目前许多国家都在积极探索和研究这种方法。

　　间接液化法，不是直接得到液体油，而是先把煤炭变成一氧化碳和氢气，也就是煤的气化，然后再把这两种混合气体合成为液体燃

○ 煤油灯

料。现在这种方法已经开始工业化生产。

液化煤炭技术如下：

间接液化法（费—托法）。先在气化器中用蒸汽和氧气把煤气化成一氧化碳和氢气，然后再在较高的压力、温度和存在催化剂的条件下反应生成液态羟。

南非（阿扎尼亚）1956年投运的第一座费希—托洛希煤炭液化工艺的工厂，是世界上唯一具有商业规模的液化厂。其日产液化煤炭1万桶，产品包括重油、柴油、煤油和汽油等。

用费—托法生产液态燃料，需要经过气化和液化两段流程，生产工艺繁杂，液体产品的收集率不高，每吨原料煤只能出1.5桶液体产品。

（1）溶剂

溶剂是一种可以溶化固体、液体或气体溶质的液体，继而成为溶液。在日常生活中最普遍的溶剂是水，而所谓有机溶剂即包含碳原子的有机化合物。溶剂通常拥有比较低的沸点并容易挥发，不可以对溶质产生化学反应。溶剂通常是透明、无色的液体，它们大多都有独特的气味。

（2）重油

重油是原油提取汽油、柴油后的剩余重质油，其特点是分子量大、黏度高。重油的比重一般在0.82~0.95。其成分主要是碳水化合物，另外含有部分（0.1%~4%）的硫黄及微量的无机化合物。

（3）煤油

煤油纯品为无色透明液体，含有杂质时呈淡黄色，略具臭味。煤油不溶于水，易溶于醇和其他有机溶剂，易挥发，易燃。其挥发后与空气混合形成爆炸性的混合气。煤油燃烧完全，亮度足，火焰稳定，不冒黑烟，无明显异味，对环境污染小。

59
煤的液化技术（二）

氢化法。分直接加氢液化法和溶剂萃取法两类，是煤炭液化技术的研究重点。

直接加氢液化法。这一液化方法的代表性技术是美国羟研究公司的氢—煤法。它要通过催化剂的帮助，直接加氢从煤中制取液体燃料，每吨煤可生产液体燃料3桶。氢—煤法能否投入工业生产的关键，是要提供廉价的催化剂和大力降低氢气的消耗量。现在的技术，用氢—煤法每处理1吨原料煤需要消耗600立方米的氢气，比其他液化方法高得多，从而影响其生产成本的降低。

🔎 运煤货轮

溶剂萃取法。美国发展的溶剂精制煤法，是利用载氢能力好的蒽油和反应过程中产生的重质油对煤进行萃取，得到灰分和硫含量很低的固体溶剂精制煤或液体燃料。这种方法不使用催化剂，每吨原料煤可生产2.5~3桶液体产品。

热解法。也称炭化法，是从煤获取液体燃料最老的一种方法。如炼焦和生产城市煤气时得到的副产品煤焦油经过加氢精制就可以得到液态产品。但是，现在研究热解法的目的已经成为获取液态产品的手段了，而固态和气态产品则仅仅是这种方法的副产品。

这种方法采用多段流化床热解技术，不用催化剂，也不用溶剂萃取，但油和收集率低，只有20%，半焦占60%，还副产一些煤气。

（1）催化剂

催化剂指在化学反应里能改变其他物质的化学反应速率（既能提高也能降低），而本身的质量和化学性质在化学反应前后都没有发生改变的物质。一个化学反应可以有多种催化剂，例如氯酸钾制取氧气时还可用红砖粉或氧化铜等作催化剂。

（2）溶剂萃取法

溶剂萃取法是利用化合物在两种互不相溶（或微溶）的溶剂中溶解度或分配系数的不同，使化合物从一种溶剂内转移到另外一种溶剂中，经过反复多次萃取，将绝大部分的化合物提取出来的方法。

（3）半焦

半焦是由煤低温干馏所得的可燃固体产物，产率为原料煤的50%~70%，色黑多孔，主要成分是碳、灰分和挥发分。与焦炭相比，半焦挥发分含量高，孔隙率大而机械强度低。半焦与一氧化碳、蒸汽或氧具有较强的反应活性。

60
新型用煤发电方式

♀ 煤矿

当前，世界上的能源正在进入一个过渡时间。这就是从煤炭和石油等不可再生的化石能源时期，过渡到可以再生的能源时期。这个过渡时期将要持续很长一段时间，也许是几十年，也许是上百年。在漫长的能源过渡时期，世界上的主要能源是什么呢？是煤炭！因为世界上煤炭的储量比石油和天然气的储量要丰富得多。所以，科学家们特别是能源科学家乐观地估计，煤炭将要进入第二个大发展的"黄金时代"。既然如此，人们就得想方设法合理而有效地利用煤炭资源。其中开发燃气和蒸汽联合循环发电技术，就是高效率利用煤炭资源的方式之一。

近年来，世界各国都十分重视探索研究新型的用煤发电方式，并且已取得了可喜的成果。综合看来，正在探索研究中的新型烧煤发电技术，主要有三种：第一种是建立在煤气化基础上的燃气和蒸汽联合循环发电；第二种是烧煤的磁流体和蒸汽联合循环发电；第三种是建立在煤气化基础上的燃料电池和蒸汽联合循环发电。

（1）煤气化

煤气化是以煤或煤焦为原料，以氧气（空气、富氧或纯氧）、水蒸气或氢气等作气化剂，在高温条件下通过化学反应将煤或煤焦中的可燃部分转化为气体燃料的过程。

（2）磁流体

磁流体又称磁性液体、铁磁流体或磁液，是一种新型的功能材料，它既具有液体的流动性，又具有固体磁性材料的磁性。该流体在静态时无磁性吸引力，当外加磁场作用时，才表现出磁性，正因如此，它才在实际中有着广泛的应用，在理论上具有很高的学术价值。

（3）燃料电池

燃料电池是一种将存在于燃料与氧化剂中的化学能直接转化为电能的发电装置。燃料和空气分别送进燃料电池，电就被生产出来。它从外表上看有正负极和电解质等，像一个蓄电池，但实质上它不能"储电"，而是一个"发电厂"。